DES

DIVERSES RACES CHEVALINES

DE L'ORIENT

PAR M. PRISSE D'AVENNES

(Extrait de la REVUE CONTEMPORAINE, liv. des 31 juillet et 15 août)

PARIS,

BUREAU DE LA REVUE CONTEMPORAINE,

RUE DE CHOISEUL, 21.

1854.

LA REVUE CONTEMPORAINE

(A PARIS, RUE DE CHOISEUL, 21)

Paraît les 15 et 30 de chaque mois par livraisons de dix ou onze feuilles d'impression, et forme, tous les deux mois, un volume de 640 à 672 pages; six volumes par an. — Le prix de l'abonnement est de :

PARIS.	Un An, **44** fr. — Six Mois, **23** fr. — Trois Mois, **12** fr.
DEPARTEMENTS.	Un An, **48** fr. — Six Mois, **25** fr. — Trois Mois, **13** fr.
ETRANGER. . . .	Comme les Départements, surtaxe en sus.

Quatorze volumes ont déjà paru, du 15 avril 1852, époque de la fondation, au 31 juillet 1854. Le **quinzième volume** est en cours de publication.

On s'abonne, pour la France, chez tous les Libraires et dans les bureaux des Messageries.

LA REVUE CONTEMPORAINE

PUBLIERA DANS LE COURANT DE L'ANNEE 1854 :

ARCHÉOLOGIE ET BEAUX-ARTS.

ADAM (Adolphe), de l'Institut : *Les Compositeurs anciens* (suite) : II. *Monsigny*. — A. DE CALONNE : *L'Architecture militaire au moyen-âge, l'Art contemporain en Belgique; Revue des théâtres et des arts.* — Comte ADOLPHE DE CIRCOURT : *Les Antiquités des deux Amériques.* — HALÉVY, de l'Institut : *Etudes musicales.* — LEON KREUTZER : *Les Compositeurs contemporains* : II. *Berlioz; Revue musicale.* — D'ORTIGUES : *La Musique sacrée au moyen-âge.* — F. DE SAULCY, de l'Institut : *Etudes sur l'Art judaïque* (suite).

BIBLIOGRAPHIE.

L. C. DE BELLEVAL : *Archéologie médiœvale; Diplomatique; Ouvrages encyclopédiques* — A. BOUCARD : *Sciences appliquées; Mathématiques; Industrie; Agriculture.* — Comte FRANÇOIS DE BOURGOING : *Histoires modernes, universelles et provinciales.* — A. DE CALONNE : *Beaux-Arts.* — E. CARO : *Esthétique; Histoire littéraire.* — AD. DE CIRCOURT : *Voyages archéologiques; Histoire ancienne et moderne.*— ALB. DE CIRCOURT : *Histoire et Littérature espagnoles.*— A. DANTIER : *Histoire religieuse; Hagiographie.* — EGGER, de l'Institut : *Philologie grecque et latine.* — L. ETIENNE : *Littérature anglaise et anglo-américaine.* — Dr FAIVRE : *Médecine et Sciences naturelles.* — LERMINIER, ancien professeur au Collége de France : *Philosophie.* — X. MARMIER : *Voyages.* — EDELESTAND DU MERIL : *Philologie française et étrangère.* — MICHELANT : *Langues*

CRITIQUE

DES

DIVERSES RACES CHEVALINES

DE L'ORIENT

LES CHEVAUX DU SAHARA,
par le général Daumas. In-octavo, Paris, 2e édition.

LE NAÇÉRI

La perfection des deux arts, ou Traité complet d'Hippologie et d'Hippiatrie arabes,
Traduit de l'arabe d'Abou Bekr ibn Bedr, par le Dr Perron.

Il y a dans le genre humain une race privilégiée qui est le type le plus parfait de son espèce sous le rapport physique et moral, qui est douée de la faculté d'élever toutes celles auxquelles elle s'allie, et de perfectionner pour ainsi dire l'œuvre du créateur. Le rôle initiatif, progressif, éminemment supérieur de la race blanche, est attesté par l'histoire de la civilisation.

Il y a sans doute aussi dans le genre équestre une race favorisée, à laquelle il revient d'anoblir les produits auxquels elle coopère. La race chevaline par excellence, la race arabe, partout où son sang est resté pur, offre le type le plus parfait, et, partout où elle s'est mélangée, a laissé des rejetons ou des descendants remarquables à divers points de vue. A elle seule appartient exclusivement le privilége d'améliorer les différentes races avec lesquelles on l'a croisée, et de perpétuer à travers les générations les traces du type original. A tous ces titres, elle est, parmi l'espèce équestre, ce que la race caucasienne est dans l'espèce humaine.

Plus que tous les autres, le cheval arabe a une physionomie particulière qui le fait aisément reconnaître. Sa tête a partout une expression remarquable de beauté et d'intelligence qu'on ne rencontre en aucune autre race, et qui semble le signaler comme le type de l'espèce. La tête est carrée et sèche ; le front est large, quelquefois bombé ; la partie antérieure du crâne très développée. Les yeux sont grands, proéminents et d'ordinaire très beaux. Les paupières noires sont un caractère de race auquel tiennent les Arabes. Les oreilles sont minces, bien placées et mobiles. La ganache est un peu forte, le chamfrein creux plutôt que busqué; le museau est fin, les naseaux sont larges et susceptibles d'une grande dilatation quand le cheval est animé. La bouche est médiocrement fendue et la mâchoire inférieure petite. Enfin, la tête est bien attachée, et la courbure qui forme l'encolure près de la tête donne de l'élégance à la nuque. L'encolure est droite, assez longue pour s'arrondir avec grâce, et, quand le cheval court, elle se renverse et forme ce qu'on appelle *encolure de cerf*. Cette conformation, que l'on a regardée comme un défaut, est naturelle à tous les animaux qui fournissent de longues courses. Le garot du cheval arabe est bien sorti sans être tranchant; le dos est droit, la côte ronde, le rein double et bombé, la croupe longue et arrondie. La queue est bien attachée et portée avec une vigueur et une grâce incomparables. Ce cheval est de moyenne taille comme tous les êtres énergiques. Les articulations sont larges et fortes, les muscles sont vigoureusement prononcés et se dessinent bien sous la peau. Les parties postérieures, le rein, la croupe, les jarrets sont surtout d'une force remarquable. Les jarrets sont un peu rapprochés l'un de l'autre, conformation particulière aux animaux les plus vites, tels que les cerfs et les gazelles. Les épaules, ainsi que l'avant-bras, sont libres et musculeux. Les jambes sont sèches, fines, les cordes tendineuses bien détachées; le canon des jambes antérieures est généralement court, les saphènes peu apparentes; les pieds sont de forme ovale, la corne est noire et très dure. Les pieds de devant sont quelquefois un peu tournés en dehors. La crinière, ainsi que la queue, est peu garnie ; enfin, la peau est fine, le poil ras, soyeux : il présente, selon la robe, d'admirables reflets qu'on ne trouve que dans les chevaux d'origine orientale.

Tel est le portrait du cheval arabe pris dans l'ensemble et les détails qui le distinguent. Il a peu changé dans les contrées envahies par les tribus de la Péninsule, quand il a rencontré des conditions générales à peu près semblables à celles de son pays natal. En Perse, en Syrie, en Egypte comme dans le Magreb, on lui donne partout la préférence sur les autres chevaux, et les guerriers mettent leur orgueil à en posséder, tant la supériorité de la race est un fait acquis pour tous. Lisez les magnifiques improvisations de Koûroglou, le héros de la Perse septentrionale, qui doit tous ses exploits aux merveilleuses qualités de son coursier et ne néglige jamais l'occasion d'en faire l'éloge, vous verrez que c'est encore le cheval arabe que les Persans estiment le plus.

Ce cheval tant vanté, et à juste titre, n'est pas beau d'après l'idée qu'on se fait généralement aujourd'hui en Europe de la beauté des chevaux, et bien des juges ne lui accordent pas une perfection de formes à l'abri de tout reproche. On sait que l'on faisait si peu de cas en France du fameux étalon barbe *Godolphin*, l'un de ceux qui ont le le plus contribué à créer la race anglaise actuelle, qu'il traînait à Paris le haquet d'un porteur d'eau, qui le vendit dix-huit louis à M. Coke. Bien d'autres chevaux d'élite n'ont pas été mieux appréciés parmi nous. Il est incontestable, cependant, que la race arabe l'emporte sur toute l'espèce par la perfection de la tête, et que toutes les autres parties présentent le plus bel assemblage de la force et de la vitesse. Sa beauté consiste dans les forces opposées qui se balancent dans tous les sens et font du cheval arabe un être complet, dont toutes les parties se disputent en quelque sorte le sentiment et la vie. Mais la mode régit tout chez nous, et quand un préjugé s'est glissé dans l'entendement humain, comptez que les hommes se le passeront de bouche en bouche, comme ils feraient pour une idée juste. La mode influe ainsi sur la saine perception des rapports qui constituent la beauté, comme elle règle capricieusement le goût. Jamais il ne serait venu à l'idée d'un Arabe de couper et de relever la queue de son cheval pour le faire accepter de la bonne compagnie. Plus éclairés et moins mobiles dans leurs appréciations, les Arabes, comme tous les vrais connaisseurs, considèrent les dispositions les plus avantageuses à la destination de l'animal, et estiment leurs chevaux par les formes inhérentes aux qualités, bien plus que par la beauté, qui dépend toujours un peu des idées individuelles. Grâce aux efforts de quelques hippologues éclairés, nous commençons à revenir à des idées plus logiques, et quand nous saurons apprécier les chevaux arabes à leur juste valeur, nous les trouverons au moins aussi beaux et aussi bons que les purs sang du *Stud-Book*.

Les chevaux amenés en France, au retour des Croisades, ont été la souche de nos belles et puissantes races du Limousin, de la Bretagne, des Ardennes, de l'Auvergne, etc., abâtardies et perdues depuis par une longue apathie, par une ignorance incroyable des premiers éléments de la science et de nos véritables intérêts. Mieux éclairés par ce judicieux esprit d'observation qui les caractérise, les Anglais n'ont rien négligé pour obtenir un type en rapport avec leurs besoins, et ils ont réussi depuis longtemps à se créer une race magnifique au moyen d'étalons orientaux amenés à grands frais, ou de chevaux achetés sur nos marchés et dont nous n'avions tiré aucun parti. Quand le pur sang anglais, le *blood-horse*, commença d'être renommé en Europe, les pays les plus avancés s'empressèrent de recourir aux mêmes moyens que l'Angleterre, et l'on chercha à se procurer les meilleurs chevaux de l'Arabie. La France ne resta pas en arrière, et, dans ces derniers temps surtout, quand elle arriva à se convaincre, par la conquête de l'Algérie, de la supériorité du cheval arabe, elle s'occupa sérieusement, tant de l'introduction des reproducteurs orientaux que de tout ce qui se rattachait aux soins, au régime alimentaire auxquels l'animal est soumis dans sa patrie.

Les deux livres dont nous avons transcrit les titres en tête de cet article sont nés tous deux de ce retour vers la race arabe, si longtemps méconnue et négligée.

Le premier ouvrage est dû aux excursions militaires, aux études hippologiques du général Daumas. Il a su faire tout à la fois de son livre une œuvre utile, sérieuse, et en même temps une œuvre didactique du plus haut intérêt pour tous les lecteurs. Dans les derniers mois de son séjour à Amboise, l'émir Abd-el-Kader s'est fait traduire en entier le volume des *Chevaux du Sahara*, et, charmé par ce récit, qui lui rappelait si vivement toutes les scènes de la vie nomade, l'émir s'est plu à parfaire l'œuvre du général, en annotant et développant longuement chaque chapitre. Quand les souvenirs évoqués par ce livre réveillaient la muse du désert, le captif se laissait entraîner à enchâsser ses vers dans les récits pittoresques qu'il commentait. Les observations et les chants d'Abd-el-Kader, qui enrichissent la seconde édition des *Chevaux du Sahara* révèlent à la fois dans l'illustre guerrier, un poète habile et un homme de science versé dans toutes les questions chevalines.

Le second ouvrage est la traduction d'un Traité d'Hippologie et d'Hippiatrie arabes, composé par Abou Bekr ibn Bedr. Il est précédé d'une introduction historique et des observations personnelles du traducteur, M. Perron, ancien professeur de l'Ecole-de-Médecine du Kaire.

Nous allons examiner l'un après l'autre ces deux livres, qui se rapprochent et diffèrent souvent. De ce parallèle il naîtra peut-être de curieuses et intéressantes remarques sur les diverses races chevalines de l'Orient.

LES CHEVAUX DU SAHARA.

L'ouvrage du général Daumas se divise en deux parties; l'une, consacrée à l'histoire, à l'élève, à l'éducation et au perfectionnement des chevaux du désert; l'autre, à tous les actes de la vie où ce noble et utile animal partage les dangers et les plaisirs de l'homme, la guerre, les razzia, la chasse et les fantasia. Ces deux divisions du livre rivalisent de charme et de poésie. Si la première présente des notions plus spéciales au point de vue des services que nous pouvons tirer de la belle race chevaline du Sahara, la seconde nous donne une idée exacte de la vie du désert, et renferme les plus curieux documents sur les mœurs, les coutumes et les usages des tribus que nous avons à combattre ou à civiliser en Algérie. Ajoutez à l'intérêt que présente cet ouvrage l'attrait d'un langage net et précis, qui passe tour à tour de la simplicité à la noblesse, à la pompe orientale, et vous aurez une idée de ce livre où les hommes spéciaux trouvent autant à apprendre que les gens du monde.

C'est un traité qui ne se trouve écrit nulle part, un compendium de la science hippique répandue dans toutes les tribus du Sahara algérien, un recueil précieux de documents épars difficiles à rassembler, encore plus difficiles à obtenir; impossible de mettre en lumière d'une façon à la fois plus savante et plus pittoresque.

Dès le début l'auteur indique le plan de son livre.

« Suivant les uns, les Arabes sont les premiers cavaliers du monde; au dire des autres, ils ne sont que des bourreaux de chevaux. Ceux-ci leur font honneur de toutes les bonnes méthodes admises chez nous ou ailleurs; ceux-là les représentent comme n'entendant rien à l'équitation, ni à l'hygiène, ni à la reproduction. Qu'y a-t-il de vrai dans tout cela? quelle est la valeur réelle des chevaux arabes? quelle est la nature des services à en attendre? J'ai voulu le savoir, non par ouï-dire, mais par le témoignage de mes yeux; non par les livres, mais par les hommes. Ce qu'on va lire est donc le résumé tant de mes observations personnelles que de mes entretiens avec les Arabes de toutes les conditions, depuis le noble de la tente jusqu'au simple cavalier qui, comme il le dit lui-même dans son pittoresque langage, n'a d'autre profession que celle de *vivre de ses éperons.* »

De toutes les études hippologiques, celle qui nous intéresse le plus aujourd'hui sous tous les rapports est incontestablement l'étude de la race *barbe*, qui a dû conserver dans le désert du Sahara toutes les qualités de vigueur, de sobriété, d'élégance et de vitesse qu'on s'accorde unanimement à lui accorder. Le livre du général qui fait connaître et aimer le cheval du désert est un véritable service rendu à la science et au pays.

« Les bons chevaux, dit l'émir Abd-el-Kader, se trouvent de préférence dans le Sahara où le nombre des mauvais chevaux est très petit. En effet, les populations qui l'habitent, et celles qui les avoisinent, ne destinent leurs chevaux qu'à faire la guerre ou à lutter de vitesse, et aussi ne les appliquent-elles ni à la culture, ni à aucun exercice autre que le combat. C'est pour ce motif qu'à peu d'exceptions près leurs chevaux sont excellents. »

Les races estimées dans la partie occidentale du Sahara sont :

Celle de *Hâymour*, qui est la plus recherchée. Ces chevaux, d'une belle conformation, bien étoffés et pourtant très légers, passent pour les plus vites coureurs du Sahara.

Celle de *Bou-Ghareb* (le père du garrot), qui donne des produits d'une grande taille ; ils courent très longtemps sans se fatiguer, et se conservent sains jusqu'à une très grande vieillesse ;

Et celle de *Merizigue*, qui a moins de taille et de fond que les précédentes. Ces chevaux sont solides, sobres et très recherchés des cavaliers qui ont de longues courses à fournir.

Dans la partie centrale du Sahara, on prise surtout les chevaux de la descendance de *Rakeby;* ils supportent aisément la soif, et peuvent, sans souffrir, faire pendant cinq à six jours de suite des traites de vingt-cinq à trente lieues, et, après deux jours de repos et de bonne nourriture, recommencer pareille étape. D'autres tribus font usage des rejetons d'un fameux étalon nommé *El-Biod* (le blanc). Cette race est renommée pour sa sobriété et sa vitesse.

« Parmi les chevaux des tribus du Sahara, observe l'émir Abd-el-Kader, ceux des Ahmian, des Arbâa, des Oulad-Naïl et de leurs annexes, sont les plus patients contre la faim et la soif, les plus résistants à la fatigue, et les plus vites à la course, les plus propres à soutenir le galop de plusieurs jours sans discontinuer, *très différents en cela des chevaux du Tell.*

» Quand il n'y a pas de notoriété publique, c'est par l'épreuve, par la vitesse unie au fond que les Arabes jugent les chevaux, qu'ils en reconnaissent la noblesse, la pureté de sang, mais les formes révèlent aussi leurs qualités.

« Un cheval de race est celui qui a :

» Trois choses longues : les oreilles, l'encolure et les membres antérieurs ;

» Trois choses courtes : l'os de la queue, les membres postérieurs et le dos ;

» Trois choses larges : le front, le poitrail et la croupe ;

» Trois choses pures : la peau, les yeux et le sabot.

» Il doit avoir le garrot élevé, les flancs évidés, dépourvus de chair.

» *Est-ce que tu exécutes la course de grande vitesse avec des chevaux hauts de garrot et minces de flancs ?* »

« La queue doit être très fournie à sa racine afin qu'elle remplisse l'espace entre les cuisses.

» *La queue ressemble au voile de la fiancée.* »

« L'œil du cheval doit s'incliner paraissant regarder le nez, comme l'œil de l'homme qui louche.

» *Semblable à une belle coquette qui louche à travers son voile, son regard tourné vers le coin de l'œil perce à travers la crinière qui, comme un voile, lui couvre le front.* »

« Les oreilles : — elles ressemblent à celles de l'antilope effrayée au milieu de son troupeau.

» Les narines : — larges.

» *Chacune de ses narines ressemble à l'antre du lion, le vent en sort quand il est haletant.* »

« Les boulets : — petits.

» *Les boulets de leurs jambes de derrière sont petits, et les muscles des deux côtés de la muraille sont proéminents (les parties interne et externe du paturon).* »

« Le toupet : — fourni.

» *Au temps de la peur, monte une cavale légère dont le front est couvert par une crinière épaisse.* »

« Les cavités dans l'intérieur des narines entièrement noires; si elles sont partie noire et partie blanche, le cheval est de médiocre valeur.

» Le sabot : — arrondi.

» *Le sabot ressemble à la coupe de l'esclave.* »

« Les fourchettes : — dures et sèches.

» *Les fourchettes, cachées sous les sabots, se découvrent quand il lève les pieds, et ressemblent, par leur dureté, à des noyaux de dattes s'échappant sans se briser sous le coup d'un pilon.* »

« Les fanons : — épais.

» *Ils ont des fanons qui ressemblent aux plumes noires cachées sous l'aile de l'aigle; comme elles, ils deviennent noirs dans la chaleur du combat.* »

« Le sabot : — dur.

» *Ils marchent sur des sabots durs comme les pierres d'une eau stagnante, couvertes de mousse.* »

« Si en allongeant l'encolure et la tête pour boire dans un ruisseau qui coule à fleur de terre, un cheval reste bien d'aplomb sur ses quatre membres sans replier l'un de ses pieds de devant, soyez assuré qu'il est parfaitement conformé, que toutes les parties de son corps sont en harmonie, et qu'il est de race.

» Voici comment les Arabes du Sahara résument la perfection d'un cheval : Il doit porter un homme fait, ses armes, ses vêtements de rechange, des vivres pour tous deux; un drapeau, même au jour du vent; traîner au besoin un cadavre et courir toute la journée sans penser ni à boire ni à manger. »

L'auteur raconte des prouesses merveilleuses des bons coursiers du Sahara, près desquels les courses momentanées de nos chevaux du *turf* ne sont que des jeux de poulains.

— Un Arabe, chargé d'une dépêche, partit d'Oran pour Tlemcen à quatre heures du matin, et y rentrait le lendemain à la même heure, après avoir fait soixante-dix lieues sur un terrain bien autrement accidenté que le désert et l'Hippodrome.

— La jument de *Si-ben-Zyan*, qui franchit en vingt-quatre heures quatre-vingts lieues sans route tracée, sans autre répit qu'une heure de repos, sans autre aliment qu'une branche de dattier, est comparable à la fameuse jument anglaise *Black-Bess*, qui a fait en onze heures quatre-vingt deux lieues sur un chemin compact, et qui mourut de fatigue au bout de la course, malgré les lotions d'eau-de-vie, le beefsteck cru dont son mors était entouré, et les autres secours que lui procura son maître dans le trajet.

Le général Daumas cite, au sujet des distances considérables parcourues par les chevaux du Sahara, des faits aussi extraordinaires que dramatiques dont je ne veux pas dépouiller un livre auquel il faut renvoyer nos lecteurs. Les courses qui viennent d'avoir lieu à Alger témoignent assez que le cheval de nos possessions africaines n'a rien à envier aux meilleurs chevaux européens.

Le chapitre intitulé : *De l'Etalon, de la Monte*, etc., révèle des opinions contraires aux idées généralement reçues en Europe, c'est que la noblesse du père est plus importante que celle de la mère. « La jument n'est qu'un sac dont on retirera de l'or, quand on y aura mis de l'or, mais dont on ne tirera que du cuivre, si on n'y a mis que du cuivre. » Cette opinion des indigènes, que le général rapporte, sous toute réserve, n'est guère consacrée que dans le Sahara algérien. Les Arabes du Nedji, du Hauran et des rives de l'Euphrate, pensent, au contraire, que la jument possède à un plus haut dégré que l'étalon la propriété de transmettre ses qualités à ses produits, et c'est sur les juments que se font toujours les généalogies. Les Arabes attribuent, en général, aux juments une telle supériorité, qu'ils donnent d'une façon honorifique le nom de *Faras*, qui littéralement signifie cavale, au mâle ou à la femelle de bonne apparence. Du reste, il est fort difficile de réunir un assez grand nombre d'exemples concluants pour fixer d'une manière positive la différence de l'influence des sexes sur la génération ; les Orientaux eux-mêmes ne sont pas d'accord. Les anciens arabes recherchaient uniquement l'harmonie des formes, des types paternel et maternel, afin d'obtenir les mêmes qualités dans les produits. C'est peut-être à la coutume algérienne qu'est due l'infériorité relative du cheval *barbe* comparé au cheval *nedjdi* ou arabe proprement dit.

L'auteur rapporte diverses méthodes employées par les Arabes pour remédier à la stérilité, méthodes d'une application trop constante et trop générale pour que des succès n'aient point couronné leur propagation.

A ce chapitre en succède un autre sur l'*Education des poulains*, l'objet des plus grands soins, non-seulement du maître, mais encore des femmes et des enfants qui admettent en quelque sorte les poulains dans l'intimité de la famille, les caressent, leur donnent du lait, du pain, du kouscoussou et des dattes. Ce contact journalier prépare la docilité qu'on admire chez tous les chevaux arabes.

L'art de manier et de façonner le poulain est beaucoup mieux compris et soigné au désert que chez nous. Les Arabes commencent l'éducation du cheval à dix-huit ou vingt mois, seul moyen de l'habituer à la docilité, d'arrêter le développement de sa rate, ce qui est, au dire des indigènes, une chose fort importante pour son avenir. On commence à le faire monter par un enfant qui le mène boire et le conduit au pâturage. A l'âge de vingt-quatre à vingt-sept mois on l'habitue à la bride, à la selle et à la fatigue prudemment graduée; à trente mois on le fait monter par un homme sage dont le poids soit en rapport avec les forces de l'animal, et qui use toujours des plus grands ménagements. En dressant le poulain dès son bas-âge, en lui épargnant tout ce qui peut nuire à sa croissance et au développement de ses forces, on arrive à obtenir, par le travail, un cheval docile, souple et dur à la fatigue.

Pour corriger divers défauts du cheval qui se cabre, rue, mord, etc., le Saharien emploie la puissance des éperons, et fait à sa monture de longues raies sanglantes qui finissent par lui inspirer une grande terreur et le rendent doux comme un mouton. « Dans certaines localités, pour empêcher le cheval de se cabrer, on lui met un anneau de fer à l'oreille ; quand il veut s'enlever, on donne un coup de bâton sur cet anneau; la douleur que le coup occasionne a bientôt dégoûté l'animal de cette défense. »

L'Arabe fait lui-même l'éducation de son poulain, et ne néglige rien pour cela; patience, douceur et châtiments. Un proverbe du désert dit :

Le cavalier fait le cheval,
Comme le mari fait la femme.

On le dresse à toutes sortes d'exercices extrêmement importants à la guerre, et surtout dans les combats individuels ; on lui apprend aussi toutes les manœuvres et les jeux pour briller dans les fantasia, les fêtes de famille et les solennités religieuses. Cette éducation n'est pas sans danger; mais, disent les Arabes, « les anges ont deux missions spéciales dans ce monde : présider à la course des chevaux et à l'union de l'homme et de la femme. » Ce sont eux qui préservent cavaliers et montures de tout accident, et qui veillent à ce que la conception soit heureuse.

Parmi tous ces exercices, dont plusieurs sont particuliers aux

Arabes, il en est un fort remarquable nommé en Algérie, *El-Nechacha*, c'est-à-dire l'excitation. Le cavalier dresse son cheval à monter sur celui de son adversaire pour mordre l'un ou l'autre, et il réussit d'autant plus vite que l'animal est plus irritable. Les Arabes prétendent que des chevaux ainsi dressés ont souvent, dans un combat singulier, désarçonné l'ennemi. Ce qu'on connaît des mœurs du cheval sauvage ne laisse aucun doute sur la possibilité de faire de ce noble animal un terrible auxiliaire; la guerre est l'élément de l'espèce.

Un fait qui s'est passé au Kaire pendant mon séjour, prouvera ce qu'on peut attendre d'une pareille éducation. Le docteur Abbott possédait un cheval arabe qui lui avait été donné par un officier de l'armée indo-britannique [1]. C'était un de ces fiers animaux que les Anglais nomment *a charger*, un magnifique batailleur, qui aimait à payer de sa personne dans toutes les mêlées, s'attaquait à la monture de l'ennemi, ruait des quatre pieds pour élargir l'espace autour de lui et conquérir la liberté de ses mouvements. Notre officier, monté sur son destrier, étant à se promener dans l'avenue de Choubra, rencontra le chef des eunuques, dont les saïs lui firent signe de s'écarter de la voie ombreuse où il cheminait pour faire place à leur maître. Le giaour feignait de ne rien comprendre et poursuivait droit devant lui, quand les palfreniers s'avisèrent de vouloir écarter son cheval en le tirant par la bride. L'officier leur dit que cette partie de la route étant plus que suffisante pour deux, il ne s'exposerait pas à l'ardeur du soleil, et les prévint de ne pas molester son cheval qui était, comme lui, de nature peu endurante. Sur ces entrefaites, l'eunuque arriva, et irrité de l'outrecuidance d'un *chien de chrétien*, eut le malheur de frapper sur la tête le noble animal qui portait l'officier anglais. Aussitôt le cheval se dresse sur ses jambes de derrière, empoigne l'eunuque à l'épaule, l'enlève de la selle, le jette sous ses pieds et l'aurait infailliblement broyé et déchiré, si son maître sautant de la selle ne l'eût accablé de coups pour le faire lâcher prise. Plainte fut portée au pacha qui exila le généreux destrier comme une bête dangereuse.

Les *Principes généraux du cavalier arabe* forment un des plus intéressants chapitres du livre qui nous occupe. Nous citerons quelques-unes des maximes qu'il contient qui sont à la fois des préceptes et de curieux renseignements sur les mœurs et coutumes de l'Algérie.

» Le cavalier de la vérité doit peu manger, et surtout peu boire. S'il ne sait supporter la soif, il ne fera jamais un homme de guerre, ce n'est plus qu'une grenouille des marais.

[1] Si je ne me trompe, cet officier était M. Bell qui avait partagé avec le colonel Chesney le dangers de l'expédition de l'Euphrate.

» Achète un bon cheval : Si tu poursuis, tu atteins; si tu es poursuivi, l'œil ne sait bientôt plus où tu es passé.

» Préfère le cheval de montagne au cheval de plaine, et celui-ci au cheval de marais, qui n'est bon qu'à porter le bât.

» Quand tu viens d'acheter un cheval, étudie-le avec soin, donne-lui de l'orge progressivement jusqu'à ce que tu sois arrivé à la quantité qu'exige son appétit. Un bon cavalier doit connaître la mesure d'orge qui convient à son cheval, aussi bien que la mesure de poudre qui convient à son fusil.

» Quand vous aurez une longue course à faire, ménagez votre cheval par des interruptions au pas qui lui permettront de reprendre haleine. Répétez ce manége jusqu'à ce qu'il ait sué et séché trois fois; laissez-le uriner, resanglez-le, et faites ensuite ce que vous voudrez, il ne vous laissera jamais dans l'embarras.

» Au départ, le cavalier ne doit pas craindre de jouer avec son cheval pendant quelques minutes; de la sorte, il lui déliera les jambes et il s'assurera du repos pour toute la journée. De même, après une course pénible et fatigante, au moment d'arriver à sa tente, qu'il fasse un peu de fantasia. Les femmes du douar applaudiront, diront : *Voilà un tel, fils d'un tel,* et puis il saura ce que vaut son cheval.

» Quand après un long voyage en hiver, par la pluie et le froid, vous regagnez enfin votre tente, couvrez bien votre cheval; donnez-lui de l'orge grillée, du lait chaud et ne le faites pas boire ce jour-là.

» Ne faites pas courir vos chevaux, à moins de force majeure, dans les grandes chaleurs de l'été, souvenez-vous de ce dicton de vos pères: le cheval dit :

Ne me fais pas courir en été
Si tu veux que je te sauve un jour du sabre.

» Si dans un cas de vie ou de mort vous sentez votre cheval près de manquer d'haleine, ôtez-lui la bride, ne fût-ce qu'un instant, et donnez-lui sur la croupe un coup d'éperon assez fort pour amener du sang. Il urinera et pourra encore vous sauver.

» Quand après une course rapide vous pouvez donner du répit à votre cheval, le moment de recommencer vous sera signalé par l'épuisement du mucus qui sort de ses naseaux.

» Voulez-vous savoir, après une journée de courses et de fatigues excessives, quel fond vous pouvez faire sur votre cheval, mettez pied à terre et tirez-le fortement à vous par la queue; s'il résiste sans être ébranlé, fixé au sol, vous pouvez compter sur lui. »

Ces préceptes et maints autres qu'il faut lire dans l'ouvrage, sont le résultat de l'expérience des cavaliers arabes et ont paru tellement essentiels à M. d'Aure, directeur de l'Ecole de Saumur, qu'il a cru devoir en faire une instruction pour ses élèves.

La *nourriture* des chevaux du Sahara est très substantielle. On leur donne fréquemment du lait de chamelle ou de brebis; les Arabes sont convaincus que cet aliment maintient la santé et consolide la fibre sans augmenter la graisse. « Le lait de chamelle, fait observer Abd-el-Kader, a la propriété particulière de donner de la vitesse; il fortifie la cervelle et les tendons, et fait tomber la graisse qui ramollit les muscles. » En tout temps, l'orge est la principale nourriture. On y ajoute, suivant les saisons, des dattes sèches ou molles, des branches d'un arbuste épineux, appelé *seurr*, ou une espèce de ronce sauvage nommée *el-adem*, enfin des tiges d'*alfa*, qui jouent le rôle de la paille hachée.

» Dans certaines parties du Sahara les nobles et les cavaliers renommés ne donnent jamais le vert à leurs chevaux de guerre. Ils prétendent qu'il développe le ventre, distend le tube intestinal et engraisse. *Les plus grands ennemis du cheval sont le repos et la graisse.* »

Le *pansage et l'hygiène* du cheval sont l'objet d'un chapitre particulier. On ne connaît pas le pansage dans le Sahara. Les Arabes prétendent que le frottement de l'étrille nuit à la santé des chevaux, les rend délicats, très impressionnables et par suite incapables de supporter les fatigues, ou au moins plus sujets aux maladies. Ils nettoient leurs chevaux avec le gant de crin ou la musette. On les couvre avec soin pour les garantir du froid et de la chaleur.

» L'expérience a démontré, dit l'émir, que cela était nécessaire pour tous les chevaux de couleur claire, à commencer par le cheval blanc que la finesse de sa peau rend très impressionnable.

Au soleil, il fond comme de la graisse,
A la pluie, il fond comme du sel.

L'entretien du cheval est chez les Arabes subordonné à des règles qui ont toutes pour but de lui donner la vigueur, le fond et la santé. Tout est pesé, prévu, la boisson, les aliments, la tenue au repos, les exercices; tout est l'objet de soins incessants et soutenus.

Les *robes* les plus estimées des Arabes du Sahara sont : le blanc, le noir, l'alezan et le bai. « Le blanc, c'est la couleur des princes; mais il ne supporte pas la chaleur. — Le noir porte bonheur, mais il craint les pays rocheux. L'alezan est le plus léger. Si l'on vous assure avoir vu un cheval voler dans les airs, demandez de quelle couleur il était. Si l'on vous répond : alezan, croyez-le. — Le bai, c'est le plus dur et le plus sobre. Si l'on vous dit qu'un cheval a sauté dans le fond d'un précipice sans se faire de mal, demandez de quelle couleur il était. Si l'on vous répond : bai, croyez-le. »

Le général raconte à ce sujet une anecdote charmante.

« *Ben-Dyab*, chef renommé du désert, qui vivait en l'an 905 de l'Hégire, se trouvant un jour poursuivi par *Saad El-Zanaty*, chef des Oulad Yagoub, se retourna vers son fils, et lui demanda : « Quels sont les chevaux en tête de l'ennemi? — Les chevaux blancs, répondit le fils. — C'est bien; dirigeons-nous du côté du soleil, ils y fonderont comme du beurre. » Quelque temps après, Ben Dyab se retournant encore vers son fils, lui demanda : « Quels sont les chevaux en tête de l'ennemi? — Les chevaux noirs, lui cria son fils. — C'est bien, gagnons le pays pierreux, et nous n'aurons rien à craindre; ils ressemblent à la négresse du Soudan, qui ne peut marcher pieds nus sur les cailloux. » Il changea de route, et bientôt les chevaux noirs furent distancés. Une troisième fois, Ben Dyab demanda : « Et maintenant, quels sont les chevaux en tête de l'ennemi? — Les alezans brûlés et les bais-bruns. — En ce cas, s'écria Ben Dyab, à la nage, mes enfants, à la nage, et du talon à nos chevaux, car ceux-ci pourraient bien nous atteindre, si, pendant tout l'été, nous n'avions pas donné l'orge aux nôtres. »

« Le plus excellent des chevaux, dit l'émir Abd-el-Kader, est l'alezan; — le plus rapide, le bai; — le plus énergique, le noir; — le plus béni, celui qui a le front blanc. »

Les idées des Arabes sur les balzanes sont aussi très remarquables :

« Estimez le cheval sans balzane avec une pelote en tête ou une simple lisse.

» Si le cheval a des balzanes, désirez trois balzanes, un pied droit exempt. Celui de devant ou de derrière indifféremment.

» Un bon signe est le pied droit de devant et le pied gauche de derrière blancs tous deux (*bipède diagonal droit*).

» Deux balzanes postérieures sont un indice de bonheur. Il n'en est pas de même du balzané des premiers, son maître aura toujours la figure jaune.

» N'achetez jamais un cheval belle face, avec quatre balzanes, car il porte son linceul avec lui. »

Il y a plusieurs signes naturels que les Arabes regardent les uns comme sinistres pour le cavalier ou le propriétaire, les autres comme favorables et devant porter bonheur. On n'est pas d'accord dans les diverses parties de l'Orient sur le nombre de ces indices : quelques cavaliers comptent environ vingt signes funestes et portent à soixante-dix le nombre total des signes bons et mauvais; d'autres en comptent beaucoup moins.

Ces signes qui ne sont à nos yeux que de simples jeux de la nature, inspirent aux Musulmans une crainte superstitieuse ou un attachement incroyable pour leur monture. Tous les Arabes, ainsi que les

Turcs et les Persans, regardent les *épis* comme un indice certain des qualités ou des défectuosités que possèdent presque invariablement les chevaux sur lesquels on les remarque. Toutefois, l'effet que les signes néfastes ont incontestablement sur l'animal, est de déprécier, au premier coup d'œil, sa valeur des deux tiers et quelquefois davantage. — Presque tous les chevaux arabes que nous avons eus en France étaient des chevaux tarés aux yeux de leurs possesseurs qui ont des moyens d'appréciation dont on ne fait aucun cas en Europe.

Quelque scepticisme qu'on apporte en pareille matière, il est certain que ces idées doivent naissance à des observations que les Arabes ont dû répéter souvent; et tout superstitieux qu'ils sont, ils ne consentiraient point à diminuer ainsi le prix de leurs chevaux, s'il n'y avait pas un fond de vérité dans ces appréciations dont ils font toujours un mystère.

La majeure partie des signes qui servent à reconnaître les qualités ou les défauts d'un cheval sont des *écussons* ou des *épis* situés sur différentes parties du corps. Cette science des signes est basée probablement sur des observations identiques à celles qui ont conduit M. Guénon à découvrir sa méthode pour apprécier les vaches laitières. Ce qui est vrai pour la race bovine peut l'être également pour la race chevaline [1].

On appelle *épis* ou *palmiers* (nekhlet), comme disent les Arabes, de petites mèches ou touffes de poil à contre-sens qui forment de légères saillies sur la peau. Chaque épi a, chez les Musulmans, une valeur et une signification particulière selon la place qu'il occupe, selon la grandeur et la finesse de son poil.

Voici la liste et l'emplacement des épis les plus caractéristiques d'après les renseignements fournis par un cavalier arabe qui avait parcouru la Mésopotamie, la Syrie, le Nedji, c'est-à-dire les pays où se trouvent les plus beaux chevaux de l'Orient :

1. — Appelé *Kanâdil* (les lumières, les veilleuses) : ce sont deux épis situés dans le toupet, près des tempes : ils sont rangés parmi les signes favorables.
2. — *El-chérîkaïn* (les deux associés) : deux épis situés au-dessus des yeux : signe favorable.
3. — *Kabr* ou *kabr maftoûh* (c'est-à-dire *tombe ouverte*) : épi situé au bas du front, considéré comme le plus sinistre des pronostics et généralement bien connu de tous les Arabes.

[1] La méthode de Guénon, cette science *nouvelle* qui jouit déjà chez nous d'un mérite incontesté, n'était pas chose inconnue aux anciens Egyptiens ; elle était pratiquée sur les rives du Nil, dès la plus haute antiquité, par les prêtres consacrés au culte d'Hathor, d'Apis, de Baki, etc. La couleur, les taches, les signes ou épis exigés par les prescriptions sacerdotales comme marques distinctives des divinités, représentées par un taureau ou par une vache, étaient des indices certains des qualités attribuées au dieu ou à la déesse.

4. — *Nadabât* (les plaintes) : épis des deux côtés des ganaches. Signes néfastes s'ils se trouvent sur une jument, sans importance sur un étalon.
5. — *Ranakât* ou *ranadjât* (les petits soupirs) : épis sous la gorge près de l'auge. Ils sont considérés comme favorables par les uns, comme néfastes par les autres : mon instructeur me disait qu'on n'y attachait aucune importance en Syrie.
6. — *Hedjâb* (le voile) : épis favorables situés des deux côtés de la trachée.
7. — *Chakk el-djeib* (fente de la poche) : signe néfaste.
8. — *Nichân el-sidr* (signe du poitrail) : favorable.
9. — *El-djéràid* (les escadrons) : épis sous la crinière : favorable.
10. — *Nichân el-chériah* (signe de la dilatation) : favorable.
11. — *Nichân el-derâ'* (signe du bras) : insignifiant quand la balzane ne monte pas jusque-là.
12. — *Nichân el-sourrah* ou *sabak* (signe du nombril ou des flancs): épis situés de chaque côté du nombril : favorables.
13. — *Bôch-nichân* (mauvais signes) : sur les fesses : néfastes. — Les juments qui les portent conçoivent difficilement.
14. — *Irmâh* (le lancement) : épis néfastes.
15. — *Djennâbât* (les latérales) : épis des flancs. Sans conséquence si la selle les couvre, mais réputés néfastes si la selle les laisse à découvert. — Les Arabes de l'Algérie et du Maroc attachent assez d'importance à l'épi qui est à la hanche; selon qu'il est placé en haut ou en bas, le cheval, disent-ils, est bon ou mauvais coureur.

A ces renseignements recueillis en Egypte, il est facile aujourd'hui d'en ajouter d'autres puisés dans les diverses contrées de l'Orient.

Le général Daumas, à qui rien n'est échappé des observations dont les Arabes font grand mystère, a consacré quelques pages aux signes que les Sahariens considèrent comme étant de bon ou de mauvais augure pour le cheval ou le cavalier. En reproduisant ici cette partie de son travail, j'examinerai le rapport que présentent ces deux listes recueillies aux deux extrémités de l'Afrique septentrionale.

« Le cheval a quarante épis, de ces quarante épis, il en est vingt-huit qui en général sont considérés comme n'étant ni de bon ni de mauvais augure, et douze auxquels on attribue cette influence, admise par tradition et confirmée par l'observation. On s'acccorde à en regarder six comme augmentant les richesses, portant bonheur, et six autres comme causant la ruine, amenant l'adversité.

» Epis qui sont de bon augure :

1. — L'épi qui est entre les deux oreilles, *nekhlet el-âadar* (l'épi de

la litière), le cheval est vite à la course. — (Ce signe offre beaucoup d'analogie avec celui appelé *kanâdîl* en Egypte et en Syrie).

2. — L'épi qui règne sur les faces latérales de l'encolure *sebâa enneby* (le doigt du prophète); son maître meurt bon Musulman dans son lit.

3. — L'épi du sultan (*nekhlet el-soultane*). Il règne le long de l'encolure, en suivant la trachée-artère,—amour, richesses, prospérités.— Le cheval qui le porte fait trois vœux par jour : Dieu fasse que mon maître me considère comme ce qu'il possède de plus précieux au monde! que Dieu lui fasse un sort heureux pour que le mien s'en ressente! que Dieu lui accorde la faveur de mourir martyr sur son dos!

4. — L'épi du poitrail (*zeradya*) remplit la tente de butin. (C'est le *nichâ el-sidr*, l'épi du poitrail de ma liste),

5. — L'épi du passage des sangles (*nekhlet el-hazame*), augmente les troupeaux. (C'est le *nichân el-chérihah*, n° 10 de ma liste).

6. — L'épi qui est aux flancs, (*nekhlet el-chebour*, l'épi des éperons); s'il se dirige du côté du dos, il préserve le cavalier de tout accident à la guerre; s'il se dirige du côté du ventre et en bas, il est un signe de richesse pour son maître. (Cet épi me paraît correspondre au signe appelé *djennâbât*, n° 15 de ma liste).

Epis qui portent malheur :

1. — *Nethayat*, épi qui se trouve au-dessus des sourcils, son maître mourra frappé à la tête. (C'est, je crois, le n° 3 de ma liste, le *kabr maftoûh* ou tombe ouverte).

2. — *Nekhlet el-nâach*, l'épi du cercueil. Il se trouve auprès du garrot et va en descendant vers l'épaule. Le cavalier ne peut que périr sur le dos d'un pareil cheval.

3. — *Neddabyat*, les pleureurs. Epi qui se trouve sur les joues. Dettes, pleurs, ruines. (C'est le n° 4, le *nadabât* de l'autre liste, signe réputé néfaste sur les juments).

4. — *Nekhlet el-khriana*, l'épi du vol. Il se trouve placé au boulet; matin et soir, il dit : O mon Dieu, fais que je sois volé ou que mon maître meure!

5. — L'épi que l'on trouve à côté de la queue; il annonce le trouble, la misère et la famine. (n° 14 de ma liste. Il est appelé *Irmâh* ou *mehrimâh*).

6. — L'épi qui règne à la partie interne des cuisses; femmes, enfants, troupeaux, tout doit disparaître. (Le *boch nichân* de l'autre liste).

« J'ai donné la classification généralement adoptée, dit le général Daumas; elle n'est pas absolue, elle varie suivant les localités. Chaque tribu augmente ou diminue le nombre de ces épis heureux ou malheureux. »

A ces deux listes des épis révélateurs des qualités ou des défauts d'un cheval, au dire des Arabes, nous joindrons encore l'indication de quatre autres signes que nous trouvons mentionnés dans le manuscrit inédit d'un voyage en Orient par M. Cherfberr.

Un épi qui s'élève sur le milieu du front, comme un palmier solitaire, est le signe d'une grande fortune; on l'appelle *le chemin du bonheur*.

Un épi à la partie supérieure des jambes de devant d'un cheval, pronostique la victoire au cavalier qui le monte; ce signe est appelé *la main de Dieu*.

Les frisures de poil aux hanches sont funestes.

Les chevaux qui ont des épis des deux côtés de la queue sont exécrables; ils font tout mal quand ils n'ont pas d'autres signes qui balancent cette marque funeste. (Ce sont probablement les épis néfastes appelés *irmâh*.

Voilà des assertions qui ouvrent aux explorations de la science un champ nouveau et peut-être plein d'avenir. Ne les méprisons pas, étudions-les, et certes les résultats obtenus sur la race bovine sont assez remarquables pour qu'on s'occupe sérieusement de la séméiographie hippique des Arabes.

Dans le chapitre intitulé : *Choix et achat des chevaux*, on lit encore de curieux renseignements semés d'anecdotes et de légendes. Les Arabes tiennent à ce que le cheval de race ait beaucoup de rapports de formes et de qualité avec certains animaux tels que la gazelle, le chien, le taureau, l'autruche, le chameau, le lièvre et le renard.

« Ben Youssef ayant un jour donné vingt chamelles, suivies de leurs petits, pour une jument du Désert, répondit à son père, qui lui en faisait de vifs reproches : « Et pourquoi vous fâcher, Monseigneur? Cette jument ne m'a-t-elle pas apporté, de la gerboise, la prestesse du demi-tour et la douceur du poil? Du lièvre, le mouvement de l'encolure? De l'autruche, la vitesse et la vue? Du levrier, le défaut de ventre ainsi que la sécheresse des membres? Et du taureau, le courage et la largeur de la tête? Elle ne peut que jaunir la figure de nos ennemis; quand je les poursuivrai, elle pillera sans cesse la croupe de leurs chevaux, et si je suis poursuivi, l'œil ne saura bientôt plus où j'aurai passé.»

« Il est des causes qui font totalement exclure un cheval du service de guerre, les voici : Le poitrail étroit et enfoncé accompagnant des épaules maigres; — le garrot gras et peu protubérant; — le paturon allongé et fléchi; — le paturon court et droit; — le dos long et concave; — le cheval qui ne voit pas clair la nuit, etc., etc.

» D'autres défauts ou tares, pour être généralement redoutés, n'empêchent pas un cheval d'entrer en circulation. — Les oreilles longues, molles et pendantes; — l'encolure raide et courte, etc., etc.

» Les Arabes font peu de cas du cheval qui ne se couche point, qui fouette avec sa queue en courant, qui gratte l'encolure avec ses pieds, qui se repose sur la pince, etc.

» Ce dernier défaut, loin d'être un tare aux yeux des Arabes du Nedji, est au contraire une qualité fort prisée. La race qu'ils désignent sous le nom de *Sâfenet,* se distingue par la faculté de dormir debout et de se reposer une jambe appuyée sur la pince.

» Quelques tribus de l'Algérie s'adonnent spécialement au commerce des chevaux; mais le maquignonage est inconnu parmi ces enfants du désert. Encore quelques années et les progrès de la civilisation européenne leur inspireront des ruses analogues à celles usitées chez nous. Les dernières paroles du Chambi en sont un sûr garant. *Voici,* disait-il au général Daumas en lui montrant un douro, *voici ton père, le mien et celui de tout le monde.* Cette morale n'est pas celle du Koran, encore moins de l'Evangile, c'est celle du développement de la civilisation matérielle.

» Il est un usage constant chez les Arabes qu'ont pu observer tous ceux qui ont fait la guerre en Afrique : c'est celui de couper les crins du toupet, de l'encolure et de la queue. Voici les règles de cet usage, peut-être trouvé bizarre :

» Lorsque le poulain a un an, on lui coupe tous les crins, moins un bouquet qu'on lui laisse au toupet, au garrot et au tronçon de la queue. A deux ans on recommence la même opération et on coupe le tout; à trois ans, troisième printemps, nouvelle tonte; de trois à cinq ans, on laisse tout pousser pour couper de nouveau le tout à cinq ans faits. Après cinq ans, on ne touche plus aux crins; ce serait même un péché, parce qu'on ne pourrait avoir d'autre but que de tromper ses frères sur l'âge de son cheval.

» Cette bizarrerie apparente a plusieurs raisons d'être; d'abord elle indique, à première vue, l'âge des chevaux jusqu'à huit ans, puisqu'il faut au moins trois ans pour que, les crins ayant pris toute leur longueur, le cheval puisse être appelé *djarr* (le traîneur avec sa queue). Ensuite, point important dans les pays chauds, elle l'accoutume à endurer patiemment les piqûres des mouches; et enfin, l'on croit obtenir ainsi des crins plus fournis, plus longs et plus soyeux.»

Dans le Sahara, comme chez tous les Arabes, on ferre constamment à froid. «Il y a dans le pied, disent les indigènes, des parties vides telles que la fourchette, les talons, etc., qu'il est toujours dangereux d'échauffer, fût-ce seulement par l'approche du fer rouge.»—Les fers sont à éponges, réunis et très légers. On ne met pour ceux de devant que trois clous de chaque côté, les pinces sont libres; les clous en pince, au dire des Arabes, gêneraient l'élasticité du pied et feraient naître une foule d'accidents. Au désert, tout cavalier d'élite sait ferrer son cheval au besoin, et pour une expédition lointaine emporte avec lui tout ce qui lui est nécessaire pour parer aux accidents du voyage.

Tout ce qui est inutile et fatigue le cheval sans raison est exclu de leur *harnachement*, qui offre une supériorité incontestable sur nos ignobles selles à l'anglaise et même sur nos selles de cavalerie légère. La selle arabe est, au dire de tous nos officiers, beaucoup plus favorable que la nôtre pour les combats, les courses longues et vives. Elle donne au cavalier une solidité telle qu'il ne se chagrine nullement de certains vices du cheval dont nous avons l'habitude de nous inquiéter.

« Dans nos idées, il est généralement reçu que plus un cheval de race est nu, mieux il fait ressortir la beauté ou l'élégance des formes. Les Arabes ne sont pas de notre avis; ils disent que la selle embellit les chevaux. Tout le luxe des cavaliers arabes est dans le harnachement, qui au Sahara comme dans toutes les parties de l'Orient, est d'une richesse et d'un goût remarquable. » L'auteur termine ce chapitre par des observations fort judicieuses, qu'approuveront tous ceux qui ont monté des chevaux harnachés à l'orientale.

Le dernier chapitre des études hippiques du général Daumas est entièrement consacré au *parti à tirer du cheval indigène*. Son œuvre aurait été incomplète, en effet, s'il n'avait pas fixé l'attention sur la carrière que notre domination a ouverte, en Algérie et en France, à la race chevaline du Sahara.

II

EL-NAÇERI.

A la fin de 1850, M. Dumas, alors ministre de l'agriculture et du commerce, résolut d'améliorer ou plutôt de régénérer notre race chevaline, par l'importation d'étalons et surtout de juments arabes d'une noblesse incontestable. Convaincu que tout ce qu'on avait tenté en France jusqu'à ce jour n'offrait pas grande chance de réussite faute de producteurs irréprochables, il voulait reprendre cette expérience sur une large échelle, et avec des éléments puisés aux sources mêmes. Un voyageur initié à la langue, aux mœurs et aux coutumes de l'Arabie, avait été choisi par lui pour explorer tout le Nedjd, le Haûrân, les plaines de l'Euphrate et du Tigre, avec l'ordre d'acheter les meilleurs chevaux de l'Orient. Les ressources que l'Assemblée législative devait mettre à la disposition du voyageur étaient assez modiques, mais homme de cœur et désintéressé, celui qui avait accepté cette périlleuse mission aurait ramené les plus nobles coursiers du désert ou y serait resté. M. Dumas quitta le ministère, léguant la poursuite de cette entreprise à son successeur, qui confia cette importante mission à un employé de l'administration; celui-ci ignorant la langue et les mœurs du pays, a dû fatalement rentrer dans tous les errements de ses prédécesseurs.

Pour assurer le succès de son entreprise, M. Dumas, avec cette justesse d'idées qu'apportent en toutes choses les hommes éminents dans les sciences, résolut de faire traduire de l'arabe le meilleur traité d'hippologie et d'hippiatrique. Les Arabes ont commencé l'instruction hippique du monde, et il était logique d'aller puiser dans leurs écrits des préceptes et des enseignements. Cette besogne fut confiée à M. Perron qui, plus heureux que son collègue, put se mettre à l'œuvre sans forcer le ministre à demander des crédits extraordinaires. La traduction du *Nâçérî* est due à l'intelligente initiative que M. Dumas savait apporter aux affaires : ce que M. Perron a cru devoir passer sous silence, je me plais à le révéler, afin de rendre à chacun ce qui lui appartient. Si la science doit retirer quelque profit de la traduction de l'ouvrage d'Abou-Bekr Ibn-Bedr, il est juste qu'elle sache à qui revient l'honneur de l'entreprise.

Ceci posé, passons à l'examen du livre.

La première chose qui nous frappe en parcourant le volume pour en prendre une idée générale avant de le lire avec soin, c'est le peu de méthode qui règne dans cet ouvrage semé de récits, de notes, de prétendus éclaircissements, étrangers souvent au sujet, qui grossissent le volume sans profit pour les lecteurs initiés à l'Orient, et inutiles pour les gens qui ne cherchent que la science chevaline des Arabes. Séduit par l'immense et légitime succès qu'a obtenu le livre du général Daumas, le docteur Perron a voulu rivaliser avec lui, mais il est resté bien au-dessous tant par l'exposition du sujet que par le style. Le général s'est fait Arabe dans son récit, ce qui donne à l'œuvre une couleur locale admirable, un intérêt incessant; il n'a pas de parti pris dans les questions qu'il soulève, et lorsqu'il émet son opinion, il le fait avec la sûreté d'un homme initié à la connaissance et au maniement du cheval. Le docteur au contraire, a quelque chose d'ironique et de narquois dans la manière; il est sceptique, voltairien; il sème son discours de propos ou de réflexions qui ôtent beaucoup de prestige à son livre; il se laisse constamment entraîner à sa tendance de systématiser et de trancher les questions que des études insuffisantes ne lui permettent pas d'aborder; enfin, il brode ses récits de manière à enlever tout crédit à ses assertions.

Le volume que nous avons sous les yeux, et qui forme la première partie de l'ouvrage annoncé, est un recueil de tout ce que M. Perron a pu ramasser ou traduire sur l'Arabie chevaline, les mœurs, les coutumes, les usages, les courses, les jeux, les prouesses des Arabes avant Mahomet; puis les institutions hippiques des princes qui se sont succédé dans les divers états de l'islamisme. Une introduction historique était nécessaire à l'intelligence du traité d'Abou-Bekr Ibn-Bedr, mais elle aurait pu être plus méthodique et mieux appropriée aux difficultés qui rendent une traduction littérale souvent obscure pour la plupart des lecteurs. Les peuples de l'Orient ont un cercle d'idées, un horizon intellectuel bien différent des idées de l'Occident; c'est au traducteur à jeter un pont entre ces deux mondes, soit par des notes explicatives, soit par une introduction qui prépare le lecteur et lui sauve l'ennui de recourir aux éclaircissements. Au lieu d'élucider, M. Perron a tout confondu, tout mêlé, et force les lecteurs bénévoles ou studieux à suivre péniblement l'écheveau embrouillé de son récit.

L'ensemble du travail, ordonné à grands frais, doit se composer de 3 vol. in-8° partagés en deux grandes divisions ou parties principales :

— Prodrome historique ou traditions hippiques des Arabes;

— Hippologie et hippiatrique arabes, traduits d'Abou-Bekr Ibn-Bedr.

Le prodrome historique est l'exposé des recherches et des études personnelles du traducteur, le résumé des données recueillies de nombreuses lectures, les extraits de vieilles chroniques antéislamiques, les récoltes faites par les auteurs arabes depuis Mahomet, les récits des courses, des joutes antiques, enfin les gloires hippiques des Arabes. Certes, il y avait là matière à écrire un beau livre, et nous regrettons que M. Perron l'ait déparé dès le début en nous racontant longuement l'origine du *Nâçéri*, l'histoire du Soultan El-Nâçer Mohammed-ibn-Kelaoun, de ses institutions hippiques, etc., récit qui aurait dû, pour procéder avec ordre, trouver place à la fin de son prodrome ou en tête de la traduction d'Abou-Bekr Ibn-Bedr. Le texte de ce volume est scindé, haché en tant de sections et de paragraphes, que l'unité du livre en est rompue, qu'il n'offre plus de liaison, et que la méthode qu'on prétendait peut-être y apporter; présente au contraire le décousu d'un recueil compilé çà et là. De nombreuses digressions étrangères au sujet nuisent encore à l'enchaînement des faits. Ces plantes parasites occupent plus de terrain que la culture principale, et nuisent essentiellement au produit.

Les institutions hippiques les plus remarquables qu'il y ait eu en Orient, au dire de l'auteur, datent du Soultan El-Naçer, qui régnait en Égypte dans les premières années du quatorzième siècle. M. Perron nous dit bien que dès l'époque de la dynastie des Toûloûnides, vers la fin du neuvième siècle, les courses de chevaux étaient depuis longtemps établies et célébrées avec pompe en présence d'une foule nombreuse; seulement, dit-il, il n'est question que d'excellents chevaux, de chevaux parfaits, les textes n'en précisent pas la race. Ces assertions prouvent que l'auteur n'a pas étendu fort loin ses recherches, sans cela il aurait appris que le Soultan Ahmed Ibn-Toûloûn, qui avait fondé aux environs de Fostât un vaste hippodrome, y faisait courir annuellement des chevaux *arabes* d'un race tellement estimée alors, qu'il en envoyait en présent au Kalif. Cavalier accompli, grand amateur de courses, Ahmed avait construit des manèges, créé plusieurs haras dans lesquels on élevait des chevaux dont les uns étaient destinés à l'hippodrome, les autres au service de l'armée. Enfin, à sa mort, il possédait, dit-on, dans ses nombreuses écuries, plus de vingt-cinq mille chevaux de race, et probablement d'une race particulière à l'Égypte par les soins qui avaient été apportés à la créer.

Après Ahmed-ibn-Toûloûn et son fils Komarawîah-le-Magnifique, ce fut le Sultan El-Nâçer, le plus habile hippologue de son temps, qui fonda les institutions hippiques les plus remarquables qu'il y ait eu en Orient. Tout ce chapitre, traduit du Makrîzî, donne de curieux détails sur l'achat, la multiplication et l'élevage des chevaux, les champs de courses ou hippodromes et les haras fondés sous le règne d'El-Nâçer-Mohammed, fils de Kâlaoûn.

Son père, El-Mansour Kâlaoûn, avait une prédilection pour les chevaux du pays de Barkah et les payait jusqu'à cinq mille drachmes. Il disait : « Le cheval barcéen est le cheval d'utilité, le cheval arabe est le cheval de parade. » El-Nâçer, au contraire, préférait les coursiers arabes; il en faisait venir tant de la Péninsule que de la Syrie ou de la Mésopotamie, et les payait des sommes fabuleuses.

Muni d'une connaissance profonde des races chevalines et de l'historique des descendances, El-Nâçer institua une administration spéciale où l'on enregistrait tous les chevaux qu'il achetait, le nom de l'animal, celui du vendeur, et la date du jour de possession. Les chevaux dont il connaissait parfaitement la noblesse, il les faisait saillir en sa présence, et l'on consignait sur un registre les noms de l'étalon et de la jument, ainsi que le nom et les qualités du produit; enfin il confiait les jeunes chevaux à dresser aux plus habiles écuyers, qui avaient aussi soin des préparations *d'entraînement* les jours de courses. Toutes ces pratiques, importées de l'Arabie où elles étaient en usage depuis des siècles, dit M. Perron, assurèrent à l'Égypte une race chevaline très remarquable. Les écuries et les haras du Soultan, peuplés à grands frais, arrivèrent bientôt à contenir près de cinq mille chevaux de choix. En même temps, El-Naçer faisait construire des hippodromes et des manéges ornés de châteaux de plaisance, de kiosques élégants, de vastes et magnifiques jardins. Il s'y rendait journellement avec ses pages et ses émirs pour se livrer au jeu de paume, rivaliser avec ses courtisans dans les carrousels et les courses. Les jours de solennité, les chevaux du prince étaient conduits à l'hippodrome pour y disputer le prix de vîtesse aux chevaux des émirs, qui se montraient souvent au nombre de cent-cinquante dans l'arène. Le Soultan, qui n'avait rien épargné pour avoir les meilleurs coursiers, revenait fort désappointé quand ses chevaux étaient vaincus, et telle était la passion d'El-Naçer qu'il avait peine à se résigner à pareille défaite. Un émir eut un cheval qui trois ans de suite, aux grandes courses annuelles, vainquit tous les plus fins coureurs de l'Égypte. L'histoire ne dit pas comment le Soultan supporta ces prouesses, mais pour qu'un courtisan ait osé les renouveler il faut que le maître ait montré plus de justice et de mansuétude qu'on en accorde d'ordinaire aux despotes de l'Orient.

Ces spectacles, à la suite desquels on distribuait des pelisses d'honneur, étaient ordonnés avec une pompe et une magnificence étonnantes. Ce qui se dépensa d'argent pour fonder ces institutions hippiques est incalculable. Maintes fois, pour les achats d'un seul jour, le Soultan fit payer par l'intendant de ses domaines privés un million de drachmes ou sept cent-cinquante mille francs. Il donnait cent mille drachmes ou soixante-quinze mille francs pour le prix d'une jument[1].

Le goût des jeux hippiques institués par El-Naçer se continua sous ses premiers successeurs, qui mêlèrent aux courses l'exercice de la lance, le tir de l'arc, des carrousels à l'arme blanche, images des combats et des évolutions militaires. Ces jeux guerriers éclipsèrent peu à peu les institutions destinées à l'amélioration de la race chevaline; puis tout cela disparut au milieu des dissensions de cette milice prétorienne, et se perdit insensiblement avec la puissance des mamelouks longtemps avant la conquête de Sélim Ier.

Forcés de suivre notre cicerone dans le dédale de son livre, nous ne pouvons être plus méthodiques que l'auteur. Nous arrivons avec lui aux premières traditions hippiques des Arabes, à leurs diverses catégories de chevaux, etc., curieux chapitre auquel nous allons emprunter quelques citations.

« Lorsque Dieu eut exposé aux yeux d'Adam tous les êtres, il lui dit : « Choisis parmi mes créatures celle qui te plaît. » Et Adam choisit le cheval. Puis une voix lui dit : « Tu as choisi ta gloire et la gloire de » ta postérité à tout jamais, tant que les temps dureront, tant que » dureront les siècles. »

» De nombreuses traditions, soit émanées du Prophète, soit trans-

[1] Nous laissons, bien entendu, la responsabilité de ces chiffres à M. Perron, qui compte toujours par drachmes et mitkal d'or, et nous ôte tout terme de comparaison en ne donnant jamais la valeur de ces monnaies à l'époque précise dont il parle. Une note détaillée sur ce sujet eût été plus intéressante, à coup sûr plus utile, mais peut-être aussi difficile que les notes sur Mâkrizi, le manzarah, les koufieh, les ceintures dorées et autres éclaircissements superflus qui terminent son livre.

mises par l'expérience des siècles, indiquent ce qu'il y a de mérite dans le cheval, ce qu'il y a de vîtesse, de qualités, ce qu'il y a de noble à l'élever, ce qu'il y a de bénédictions attachées à sa possession, ce qu'il y a de soins à lui prodiguer, ce qu'il y a d'attentions à avoir pour le soigner, pour entretenir la propreté de sa crinière. De ces traditions ou prescriptions traditionnelles, il en est qui proscrivent la castration du cheval, qui défendent de lui tailler le toupet, de lui rogner les oreilles ou le bretauder.

» Il n'est pas permis, c'est-à-dire qu'il est coupable de vendre le cheval arabe aux ennemis de l'islamisme, aux infidèles résidant en pays non musulmans.

» Gardez-vous de laisser monter le cheval arabe par vos sujets tributaires (ou payant la capitation, qu'ils soient chrétiens, juifs ou autres), car Dieu a dit : « Vous avez vos chevaux pour jeter la terreur parmi » les ennemis de Dieu et parmi vos ennemis. » Cependant certains docteurs permettent aux sujets tributaires de monter les berzaûn ou chevaux sans race. »

Selon le dire des Musulmans, le cheval vivait à l'état sauvage après la chute d'Adam, et Ismaïl, l'aïeul de tous les Arabes, fut le premier qui monta et soumit le fier animal, qui depuis a toujours partagé les dangers et les plaisirs de l'homme. Dieu l'avait destiné à devenir la gloire de ses élus, il l'avait créé arabe, il avait déposé des trésors dans ses flancs et il est resté la plus précieuse richesse de ses vrais serviteurs.

Primitivement les chevaux n'avaient ni selles ni étriers; mais dès les temps antéislamiques, les Arabes se servirent d'étriers en bois et de selles couvertes de cuir nommées *ilâfiennes*, du nom de l'inventeur. Le premier d'entre eux qui employa les étriers en fer fut Mouhalleb, gouverneur du Korâçân, vers la fin du premier siècle de l'hégire. Quant au mors, connu en Égypte dès la plus haute antiquité, il paraît n'avoir été usité en Arabie que fort tard; les descendants d'Ismaïl n'employèrent longtemps qu'un simple licou de *lif*, c'est-à-dire tressé avec les fibres de l'enveloppe textile qui revêt la base des branches du dattier.

Il y a deux races ou divisions générales de chevaux arabes : le cheval *Atik*, c'est-à-dire pur ou pur sang [1], né de père et de mère arabes, et le cheval *Hedjin* ou *Moukrif*, c'est-à-dire mélangé ou demi-

[1] Il y a divergence d'opinion sur la valeur de ce terme. Quelques voyageurs éclairés, tels que d'Obsonville, Mansour-Effendi, etc., donnent le nom d'Atik aux individus nés de bons étalons avec des juments de charge dont l'espèce est appelée *Kadich*, c'est-à-dire race mélangée ou mixte. Les Arabes font peu de cas, disent-ils, de ces animaux, dont la plupart sont cependant fort bons.

sang ; le premier est celui dont le père est arabe et la mère étrangère, le deuxième celui dont la mère est arabe et le père étranger.

Le *Narl* ou *Naril* est le cheval privé de sang arabe, le cheval sans noblesse, le vilain.

On désigne plus généralement sous le nom de *berzaûn* le cheval de race inconnue, le cheval commun ou de bât. Le cheval pur est l'image de la gazelle, le berzaûn est l'image du bélier. Humble dans sa médiocrité, le berzaùn dit : « Mon Dieu, je te demande seulement ma nourriture au jour le jour. »

Les berzaûn étaient des chevaux de service ordinaire. Tous les princes de l'Orient en avaient un nombre plus ou moins considérable, les corps de cavalerie étaient uniquement montés de ces sortes de chevaux qui n'ont jamais laissé dans les annales hippiques de nom ni de souvenir.

Quelques Arabes font remonter l'origine de leurs chevaux de race aux temps les plus anciens du paganisme et leur assignent pour père Machour, propriété d'Okrar, chef des Beni-Obeïdah. Suivant d'autres écrivains, toutes les races de l'Arabie proviennent d'un étalon et d'une jument appelés *Zâd-el-Râkeb* et *Serdet-Chekban*, qui appartenaient à Mouthayer Ibn-Ochaîm, chef d'une des tribus primitives de l'Yemen. Une tradition qui se rapproche de celle-ci fait descendre la race par excellence du haras de Salomon, qui possédait des chevaux tellement pénétrés de leur dignité et du respect qu'ils devaient au maître, qu'ils ne laissaient échapper aucune déjection en sa présence. « Des Arabes de l'antique tribu des Azdides allèrent du fond de l'Arabie, de l'Omân leur patrie, visiter le Roi des Rois, Salomon, fils de David. Salomon leur donna un cheval de race, qui fut appelé Zâd-el-Râkeb, ou viatique du cavalier. Zâd-el-Râkeb, disent les Arabes, est la souche, l'aïeul premier de leurs chevaux, le sang qui créa le noble coursier de l'Arabie. »

La tradition la plus généralement reçue par les fervents Musulmans fait descendre la race noble des cinq juments, ou chevaux favoris du Prophète : c'est ce qu'on appelle *Kaïl el-Koms*, ou chevaux du cinquième. Ces cinq familles islamiques portent, selon M. Perron, les noms suivants : Les *Koheïl-Ma'nakî*, les *Koheïl-Saklâwî*, les *Koheïl-Djoulfeh*, les *Koheïl-Adjoûz* et les *Koheïl-Atîk*.

Toutes ces dénominations sont récentes, et parmi les chevaux connus de Mahomet aucun n'a porté ces noms. Bien plus, si vous questionnez les Arabes de Syrie, du Hedjâz ou de l'Egypte sur les noms des Kaîl El-Koms, aucun d'eux ne s'accorde. Les uns citent dans cette catégorie les *Taueïsé*, les *Ma'nekî*, les *Koheïl*, les *Saklâwî* et les *Djoulfeh*, noms qui, suivant l'opinion vulgaire, désignent les différents districts du Nedjd où ces races sont nées. Les Wahhâbi, que M. Perron connaît si bien, auraient pu lui apprendre que dans le Nedjd, le Haçâ et l'Omân, on ne sait ce que c'est que les Kaïl El-Koms. Quant aux *Sâfinat* que l'auteur prétend de race antéislamique, elle figure en effet parmi les chevaux apocryphes présentés à Salomon par la Reine de Sheba, mais aujourd'hui c'est une dénomination généralement employée pour tous les chevaux qui dorment debout et se tiennent une jambe appuyée sur la pince, qualités fort prisées des Arabes qui disent: *El-Kaïl el-Sâfineh, el-Djîâd* (au noble, le cheval Sâfineh).

Enfin, on voit par l'histoire des Arabes que tout cheval remarquable par sa légèreté, sa beauté, et appartenant à une race noble, peut devenir la souche d'une famille nouvelle qui se produit sous un nom étranger, de sorte que les dénominations se ramifient à l'infini. Un auteur musulman, bien connu sans doute de M. Perron, donne une liste qui contient les noms de cent trente-six races de chevaux arabes: trois persanes, neuf turkomanes et sept kurdes. Il cite parmi les plus nobles races d'Arabie :

1° Les Saklawi, qui se subdivisent en *Djidrânî, Abrïeh* et *Nedjm el-Soubeh* (étoile du matin);

2° Les Koheil, en *Adjouz, Kerda, Cheîkha, Dabbah, ibn-Khueischa, Khoumeïch* et *abou Moarraf*;

3° Les Djoulfeh, qui n'ont qu'une seule branche, celle des *Estemblath*.

Les races secondaires, moins estimées, sont: Les *Hamdanî, Ma'nakî, Mouschrefé, Henaydî, Abou-Arkoub* (le père aux jarrets), *Abeïân, Charkî* (oriental), *Chouweimânî* (noiraud), *Hadabâ* (frangé, à longs cils), *Wedna, Medhemeh, Khabîtha* (battant), *Omariah* (omarienne), *Sâdet el-Toûkàn, Rabdha, Riché, Djéradé,* etc. [1].

M. Perron a préféré passer tous ces noms sous silence plutôt que d'essayer de débrouiller l'écheveau des généalogies, chose assez difficile quand on puise au hasard dans les livres toute son érudition.

Dans le chapitre IV, consacré aux diverses espèces de chevaux des Etats limitrophes de l'Egypte, M. Perron a traité superficiellement et fort erronément plusieurs sujets qui auraient mérité un plus sérieux examen et plus de développements.

Le paragraphe consacré au cheval nubien, « hissé sur ses longues » jambes haut juchées », comme dit l'auteur, est fort incomplet, et montre combien M. Perron connaît peu la race dont il parle encore plus loin, à propos du Soudan. Il y consacre tout un long chapitre, semé d'épisodes et de hors-d'œuvres déjà connus de ceux qui ont lu le *Voyage au Darfour et au Wadây*. Quant à l'anecdote de la jument

[1] La plupart de ces noms sont écrits d'une manière assez incorrecte, mais il nous a été impossible de retrouver pour tous la véritable orthographe.

wadayenne, reproduite en termes d'une crudité trop orientale, elle mérite plutôt de trouver place dans un opuscule du siècle dernier, que dans un livre sérieux.

Dans son court paragraphe sur la cavalerie nabathéenne, l'auteur, qui néglige trop souvent de nous citer ses autorités, ne marque pas où il est dit qu'il y avait en Egypte, sous le règne de Cléopâtre, un corps d'archers fourni par le duc (*dux*) de Petra ou Péthor, capitale des Nabathéens, pour la garde personnelle des Ptolémées. — Il ne cite pas non plus dans quel ouvrage ou sur quel monument le fils de Cléopâtre, Ptolémée Césarion, se trouve mentionné comme le chef de cette garde d'honneur. Il y a des sceptiques qui n'acceptent pas sans preuves les assertions nouvelles, et celle-ci est du nombre.

La notice sur les chevaux *Anazeh*, que lui a fournie Mohammed-el-Safedî, n'est pas aussi complète que celle qui nous a été donnée par le même personnage ; et comme les renseignements qui y manquent peuvent intéresser nos lecteurs, nous allons les insérer ici.

Les tribus arabes de Syrie distinguent trois souches principales, singulièrement recherchées lorsqu'elles sont pures de tout mélange.

La première de ces souches est celle de *Saklâwi-Djidrânî*, du nom d'un éleveur appelé Saklavî. Elle remonte aux cinq juments favorites du Prophète (*Min Kail El-Koms*), comme disent les Arabes. La légende traditionnelle au désert, à propos de cette race, formerait un récit beaucoup trop long pour notre article, et trouverait mieux sa place parmi les contes des *Mille et une Nuits*.

La deuxième souche est celle de *Chouweiman El-Sabhah* ou race nageuse de Chouweiman [1]. On raconte que cet Arabe, poursuivi, près du golfe Persique, par dix cavaliers ennemis qui lui coupaient toute retraite, allait périr, lorsque sa jument, pour sauver son maitre, se jeta d'elle-même dans la mer, près de Basra, et nagea pendant deux heures jusqu'à une petite île où Chouweïman trouva un refuge. En reconnaissance de ce service, il éleva plus tard un tombeau à ce généreux animal, qui fut tué dans un combat quelques années après cet événement.

La troisième souche est celle d'*Abou-Arkoub el-Chawieh*. Voici ce qu'on raconte, au désert, sur cette race célèbre. Un ancien chef arabe, El-Chawieh, possédait une excellente jument koheilân, qui venait de mettre bas une pouliche. A quelques jours de là, la tribu livra un combat acharné à celle des Haddidin et fut vaincue. Obligé de fuir à toute bride, mais ne voulant pas laisser une pouliche de race au pouvoir des ennemis, El-Chawieh la perça de plusieurs coups de lance,

[1] *El Sabhah* est le nom d'une des juments favorites du Prophète. Il signifie *la nageuse*, et aussi celle qui allonge les jambes en courant, comme un nageur allonge les membres dans l'eau.

dont un l'atteignit au jarret et la renversa sur l'arène. Après avoir couru trois heures, l'Arabe se reposa pour laisser reprendre haleine à sa monture, et lui-même, cédant à la fatigue, s'endormit bientôt. En se réveillant, il aperçut, étendue morte, la petite pouliche, qui avait eu le courage et la force de se traîner jusque là sur les traces de sa mère. Témoins de ces faits, les Arabes de la tribu se disputèrent les autres produits de cette jument, qui a été la souche de la race appelée aujourd'hui *le Fort-Jarret*.

Outre les trois principales souches de chevaux Anezeh, il en existe d'autres moins recherchées, qui alimentent le commerce que la Mésopotamie fait avec l'Inde britannique, où les Anezeh sont fort estimés [1].

Mais revenons au livre qui nous occupe, et poursuivons une analyse qu'il faut interrompre souvent pour redresser les assertions de l'auteur. Nous ne pouvons passer sous silence une méprise que M. Perron met sur le compte de Mohammed El-Safedî. Cet écuyer arabe, que j'avais emmené au haras de Saint-Cloud, pour donner à M. Vavin et au chef de cabinet du ministre du commerce une idée de l'importance des signes fatidiques et de la valeur des chevaux suivant les appréciations des Orientaux, nous a fourni maints détails que j'ai racontés à M. Perron, qui les a étrangement dénaturés. Ce n'est pas en parlant de *Dourzi* qu'il avait monté en Syrie, mais du fameux *Hamdâni blanc*, que Mohammed El-Safadî s'écria : «Cheval anezeh, kadich hamdânî, pieds mous et plats, croupe de mulet, etc. »

Du reste, ce qui le frappa le plus au haras, c'est notre prétention d'améliorer ou de créer une race en tenant nos chevaux au régime cellulaire. « J'ai vu bien des merveilles en France, me disait-il en sortant, mais je n'y ai pas encore rencontré un cheval sans tares, ni un écuyer entendu. Vous faites consister uniquement la valeur de vos chevaux de race dans leurs jambes de gazelle, nous dans l'aptitude de nos coursiers à tous les exercices de la guerre. Vous les sequestrez comme des femmes; nous les mettons le plus possible en contact avec les hommes et les choses. »

[1] Bassorah et Bagdad fournissent des chevaux à Bombay et à Calcutta; le nombre des envois de l'espèce ne parait pas avoir été aussi considérable en 1842 qu'en 1841, année pour laquelle le chiffre avait dépassé 1,000 têtes. C'est vers la mi-août que les Djambas ou marchands de chevaux et les Arabes du désert amènent ces animaux au marché de Bagdad, et c'est de septembre à novembre qu'ont lieu les expéditions pour les Indes Anglaises. En 1842, les prix ont varié de 6 à 700 francs pour les plus beaux chevaux, et de 450 à 500 pour les autres qualités. Ces animaux étaient généralement de haute taille et au-dessous de trois ans.

Un cheval de la race anazch, sans défaut et de belle taille, se vend facilement, à Bagdad, 2,100 à 2,300 francs, et dès qu'il a été reconnu, à Bombay, Calcutta ou Madras, *apte à être entraîné pour la course*, sa valeur s'élève jusqu'à 7,500 francs, et quelquefois au double de cette somme.

(*Annales du Commerce*.

M. Perron s'étend assez longuement sur tout ce qui se rapporte aux signes naturels, aux épis, etc., considérés par les Arabes comme pronostics d'heur ou de malheur. Aux matériaux que je lui ai fournis, l'auteur aurait dû ajouter, comme je l'ai fait, les documents publiés par le général Daumas. Il y avait maints renseignements précieux à tirer des *Chevaux du Sahara;* mais M. Perron a systématiquement et prudemment évité tout parallèle tendant à rapprocher deux livres qui s'éclairent et se complètent l'un par l'autre, bien qu'ils soient opposés sous le rapport de la forme et du style, comme les deux pôles de l'aimant.

Le chapitre que l'auteur consacre aux soins et au régime diététiques du cheval arabe est intéressant, bien que ce soit une amplification assez diffuse de tout ce qui a été dit à ce sujet. Quant à l'idée que l'alimentation du cheval par les substances animales se soit produite dès la plus haute antiquité, elle ne repose que sur un fait mythologique, d'où il nous semble absurde de tirer pareille induction. Dans l'Inde, on donne souvent aux chevaux une pâte faite de *koullou* ou de féveroles, que l'on cuit dans l'eau avec un peu de beurre et une tête de mouton ou de chevreau, que l'on écrase et pétrit avec le reste. Cette nourriture renferme, sous un petit volume, beaucoup de principes alibiles qui, sans augmenter le volume du ventre, rendent les chevaux forts et musculeux. Mais en Arabie, excepté le lait de chamelle, la nourriture animale qu'on donne aux chevaux est extrêmement restreinte, et cet usage est venu probablement de la disette inhérente à la vie des peuples pasteurs. La nécessité les a forcés d'utiliser tous les débris et les reliefs de leur table frugale, afin d'épargner le lait de leur troupeau et les dattes de la provende. Nul doute que l'alimentation animale, même assez limitée, n'exerce une grande influence sur le développement et les qualités du cheval arabe; cependant, il aurait été utile de nous renseigner plus catégoriquement à cet égard que ne l'a fait le docteur Perron, si bien à même, par ses études physiologiques et pathologiques, d'élucider cette question. Ce silence nous fait doublement regretter que M. Hamont, le savant directeur des haras du pacha d'Égypte, soit mort avant de livrer à la publicité les observations importantes qu'il avait recueillies sur ce sujet et sur les diverses races chevalines de l'Orient.

L'auteur se laisse souvent entraîner à remplir son livre d'épisodes qui ne se réfléchissent pas toujours dans le miroir de la vérité, témoin l'anecdote du cheval Wahhâbi que M. Perron a brodée à sa façon sur le fait suivant, qui lui aurait été communiqué avec d'autres matériaux, ainsi qu'il appert des notes marginales laissées par M. Perron sur le manuscrit que je possède.

« Les chevaux arabes sont d'une intelligence rare; on cite d'eux des traits extraordinaires d'attachement et de sagacité. Un Wahhâbi, prisonnier au Kaire, me racontait que, sans la mort de son cheval, il n'eût jamais été pris et retenu en otage. *Sahm* (flèche), ainsi se nommait mon cheval, me disait-il, était si intelligent et si belliqueux, que, dans un combat, un Arabe m'ayant renversé d'un coup de lance, il me prit avec les dents et me traîna loin du champ de bataille. Compagnon attentif, infatigable, chaque fois que je m'endormais, accablé de lassitude au milieu du désert, il veillait pendant mon sommeil, et au moindre bruit, à l'approche d'un animal ou d'un homme, il m'avertissait avec le pied. Enfin, quoiqu'il fût vieux et couvert de blessures, il semblait toujours défier la poudre, et se fit tuer par un boulet d'Ibrahim-Pacha. »

Où M. Perron a-t-il connu le Wahhâbi qui a raconté maintes fois cette anecdote en sa présence? Quant à moi, j'ai vu et entretenu le maître de Sahm chez un officier anglais de la Compagnie des Indes, M. Mellingen, où Seïèd Ahmed el-Châráwi l'avait amené pour nous donner quelques renseignements sur l'Arabie, que mon ami voulait traverser. Le Wahhâbi retenu en otage profita de l'occasion de l'officier anglais pour regagner sa patrie, et ses compagnons le firent passer pour mort. Ceci avait lieu au commencement de 1828, c'est-à-dire deux ans avant l'arrivée de M. Perron en Égypte. — Décidément, les lauriers littéraires du général Daumas ont empêché l'auteur de dormir, et, surexcité par la veille, il a enjolivé mon simple canevas de façon à jeter, pour moi, beaucoup de méfiance et de discrédit sur ses assertions.

Il y a plus d'une inexactitude de ce genre dans le livre qui nous occupe. Après cela, comment M. Perron veut-il que nous croyions à ce qu'il va nous raconter?

De l'Arabie, l'auteur passe à la Russie d'Europe, des Wahhâbi aux chevaux du Kaptchak, sur lesquels il donne quelques détails insignifiants d'après Ibn-Batouta; puis termine brusquement sans nous rien dire de la race chevaline des pays intermédiaires, sans nous entretenir des chevaux turkmans, si recommandables sous divers rapports, de ces chevaux où domine le sang arabe, et que les Anazeh, bons juges en pareille matière, croisent souvent avec leurs juments.

Cette race est petite, vive, sobre et infatigable. Sans avoir les belles formes du coursier arabe, le cheval turkman se recommande par la plus précieuse qualité pour ces peuplades guerrières, c'est-à-dire par son admirable instinct dans les combats, où il seconde son maître, le défend, le protège, en prenant lui-même une part active dans la lutte avec le cheval de l'ennemi. Nul ne peut se figurer l'acharnement de ces animaux, s'il n'a pas assisté en Orient aux sauvages combats des turkmans, ces *adem furouch* ou « vendeurs d'hommes, » dont toute la vie se passe en courses et en brigandages. Tandis que les cavaliers sont aux prises, les chevaux se battent, se frappent l'un l'autre avec fureur, se mordent et se déchirent avec les dents, comme dans leurs propres querelles. Il faut qu'un cheval ait fait ses preuves, ou que sa descendance soit incontestable, pour que son maître ait le droit de lui orner la tête et le cou de plumes noires, signe de sa noble origine.

Près de la mer Caspienne, dans le Korâçân et le Kokân, on trouve une race chevaline ayant une taille d'environ cinq pieds, forte et robuste, qui supporte les fatigues mieux qu'aucune autre, soutient des courses journalières de quarante à quarante-cinq lieues, enfin de chevaux qui, suivant l'expression orientale, *meurent, mais ne vieillissent pas*. C'est la race que recommande M. Robineau de Bougon, comme aussi pure et aussi noble que la plus noble race de l'Arabie.

« Les généraux d'Alexandre-le-Grand, dit M. Chodzko, avaient déjà remarqué la vigueur et la beauté des chevaux *nisséens*. La mosaïque déterrée à Pompéï, représentant un combat des Macédoniens avec les Parthes, ainsi que plusieurs bas-reliefs des monuments du siècle de Périclès, nous ont transmis l'image de ces chevaux sans crinière, plus robustes que beaux, à forte encolure, à tête grande et osseuse, aux muscles vigoureusement accusés. Les artistes grecs n'ont rien exagéré ; ils sont vrais dans tous les détails : c'est le type de la race chevaline qui, depuis des siècles, existait dans la chaîne des monts d'Albourz. On le reconnaît au premier coup d'œil, pour quiconque a eu l'occasion de voir les chevaux turkmans Tékés-Akals, dont les meilleurs haras ont leurs pâturages aux environs des ruines de la ville de Nissa. »

Buniad, chef des Turkmans-Hezzarés, n'achetait jamais un cheval que lorsqu'il était maigre. D'abord, il l'essayait en pressurant avec son pouce la croupe, à l'endroit où la queue s'attache à l'épine dorsale ; ensuite il examinait l'épaisseur de la peau sur la partie que revêt la selle ; enfin, il unissait les sabots des pieds de devant, pour voir si les deux doigts de la main pouvaient passer dans l'espace laissé entre les genoux du cheval, sinon il le refusait.

M. Perron ne parle pas non plus des chevaux persans, qui formaient la meilleure cavalerie de l'Orient dans l'antiquité, qui ont bien leur mérite encore aujourd'hui et que les Anglais savent parfaitement utiliser.

Les Persans soignent leurs races et les conservent avec la même pureté que les Arabes. Le cheval persan ne le cède qu'à celui du Nedjd en beauté et en valeur. Il est de plus grande taille, il a la tête plus fine et la croupe mieux faite, mais il a moins de vitesse, de patience, et de facilité à supporter de longues fatigues. Il a en général une petite tête, le chanfrein long et assez étroit. Les jambes sont un peu petites, mais le croupion est bien fait, ainsi que les pieds qui sont fort sûrs. Ces chevaux sont dociles, légers, fiers, pleins d'instinct, rapides, sobres et d'une bonne constitution. Du reste, les Persans recherchent pour leur cavalerie les chevaux du Korâçân et du Mazenderân. Les haras Turkman-Teckés, surtout ceux des environs de Nissa, fournissent les meilleurs chevaux de guerre de la Perse.

Enfin, M. Perron a négligé de nous entretenir du cheval barbe. Si l'auteur eût pensé que les *chevaux du Sahara* le dispensait de traiter de cette race recommandable à tous les points de vue, il n'aurait pas manqué de rendre hommage au beau livre du général Daumas, mais il passe outre sans dire un mot de l'ouvrage ni de la race, et cependant les chevaux barbes jouissaient autrefois comme aujourd'hui d'une grande réputation.

Ces chevaux faisaient jadis la force et la gloire de la Numidie. Tout le monde connaît les avantages que la cavalerie numide procura aux armées romaines dès qu'elle y fut incorporée. Oppien place la race mauresque parmi celles qu'on estimait le plus de son temps, et un poète carthaginois du troisième siècle, Némésien, nous en a laissé un portrait remarquable. Les anciens attachaient un grand prix à ces précieux animaux. Chacun d'eux avait son nom, sa généalogie, et quelquefois on leur élevait un tombeau orné d'une épitaphe. Orelli, dans son *Recueil d'inscriptions* [1], nous a conservé un de ces vieux témoignages d'affection :

AUX DIEUX MANES.
FILLE DE LA GÉTULE HARÉNA,
FILLE DU GÉTULE EQUINUS,
RAPIDE A LA COURSE COMME LES VENTS,
AYANT TOUJOURS VÉCU VIERGE,
SPEUDUSA ! TU HABITES LES RIVES DU LETHÉ.

Aujourd'hui la race des chevaux de Mauritanie est bien changée, sans doute, mais les faits historiques prouvent qu'à toutes les époques les chevaux de ces contrées furent célèbres par leur vigueur, leur courage et leur légèreté. Depuis la conquête des Arabes, la race chevaline a acquis des formes plus élégantes, sans rien perdre des qualités qui la distinguaient autrefois, et présente la vraie combinaison de la force et de la vîtesse. On prétend même que le barbe a des mouvements plus nobles que l'arabe. Nous renvoyons les lecteurs avides de détails à l'ouvrage du général Daumas, nous contentant d'ajouter quelques lignes pour compléter le tableau des qualités de cette belle race.

[1] Tome II, page 269, n° 4,322.

Le capitaine Brown, dans ses *Esquisses biographiques sur les chevaux*, rapporte un fait qui mérite de trouver place ici. Par une de ces violentes tempêtes si fréquentes au Cap, un vaisseau qui était dans la rade chassa sur ses ancres, fut jeté sur les rochers et mis en pièces. La plus grande partie de l'équipage périt immédiatement, l'autre, se soutenant à des débris, était le jouet des vagues. Un planteur, témoin de ce désastre, voyant qu'aucun bateau n'osait aller au secours de ces malheureux, chercha un moyen de salut. Connaissant la vigueur de son cheval *barbe*, le sachant bon nageur, il résolut de faire pour les sauver un effort héroïque, et s'élançant sur son cheval, il le dirigea vers les brisants. Dans le premier moment, ils disparurent tous deux, mais bientôt on les revit s'approchant des naufragés, et le cavalier en engagea deux à lâcher les épaves qu'ils tenaient pour saisir ses bottes. Il les ramena sains et saufs, et, répétant ce périlleux voyage jusqu'à sept fois, quatorze hommes furent ainsi sauvés d'une mort imminente. Mais, à la huitième tentative, cheval et cavalier étaient harassés. Ils revenaient cependant, quand une vague formidable fit perdre l'équilibre au brave planteur et l'engloutit instantanément. Le cheval seul regagna la côte. Ce trait est comparable à celui de la fameuse jument Anezeh, qui a donné naissance à la race de *Chauweiman el Sabbah.*

Le barbe réunit, comme on le voit, les plus remarquables qualites des nobles races de l'Orient, et il n'était pas permis de le négliger dans le prodrome historique du *Nâçeri*. L'auteur aurait dû se rappeler que le *Godolphin*, d'où un grand nombre de chevaux de race anglaise tirent leur origine, était un barbe, et que beaucoup de nos chevaux de course les plus célèbres viennent de juments africaines. Le barbe a beaucoup contribué aussi à l'amélioration du cheval espagnol. La race andalouse, autrefois si précieuse et si renommée pour la course, la chasse et la bataille, doit à la race barbe toutes les grandes qualités qu'elle a conservées pendant des siècles.

Aucune des races orientales n'était à négliger, car en prenant leur excellence comparative pour terme moyen, un écrivain arabe a dit : « Le Nedjd est généralement reconnu pour produire la plus noble race; — le Hedjaz, la plus belle; — le Yemen, la plus durable; — la Syrie, la plus riche robe; — la Mésopotamie, la plus tranquille; — l'Egypte, la plus rapide ou la plus vive; — la Barbarie, la plus prolifique; — enfin la Perse et le Kourdistan, la plus guerrière. Bien que plusieurs de ces assertions soient assez erronées, elles indiquent les nombreuses omissions que nous avons signalées, et prouvent qu'il y avait, sur toutes ces races, des choses plus intéressantes à dire que sur les berzaûn du Darfour ou du Waday et autres superfétations qui entravent sans fruit la marche du Prodrome.

M. Perron résiste difficilement à nous traduire maints récits, il est vrai fort caractéristiques des mœurs arabes, mais fort insignifiants pour les études hippiques qu'il néglige trop souvent pour la littérature et l'histoire proprement dite. On est toujours tenté de lui crier : au fait! mais le fait n'apparaît que de loin en loin pour disparaître aussitôt. L'auteur veut utiliser les matériaux qu'il possède, et cherche à nous persuader que ces digressions ont leur valeur aussi, — valeur indirecte si l'on veut, — pour bien comprendre l'histoire du perfectionnement de la race chevaline des Arabes.

L'éducation du coursier d'élite était, comme le développement et l'amélioration de la race, l'objet des préoccupations incessantes des Arabes. Les anciens bedouins s'exerçaient au maniement le plus délicat du cheval qu'ils dressaient à ne s'étonner de rien, à suivre avec une docilité extrême les moindres mouvements de jambes, les moindres pressions de genoux, à obéir au cri expressif du cavalier rompu comme sa monture à tous les exercices de la gymnastique équestre Les chevaux étaient dressés à partir par élans subits, à s'élancer au galop du premier pas, à s'arrêter instantanément dans le plus vif de la course, ou à se tourner le plus rapidement possible. Le cheval arabe, encore aujourd'hui, est habitué de bonne heure à ces arrêts brefs au milieu d'un élan, à la charge et à la retraite, au *kerr* et au *ferr*. Partir au galop de prime saut, ne franchir que quelques mètres d'espace et s'arrêter court, prouvent un cheval formé, solide, souple, utile pour l'attaque, la surprise ou la fuite. Un Arabe, même un vieillard, monte rarement un cheval sans lui faire exécuter ainsi quelques jets, et même ajoute l'auteur, les chevaux dont l'arrière-train n'est pas très vigoureux, tiennent longtemps à cet exercice souvent répété. Cette dernière assertion n'est pas fondée, et tous les cavaliers savent combien les meilleurs chevaux, soumis fréquemment à ces tours de force, sont promptement ruinés.

Le jeu du djérîd, le maniement de la lance, les évolutions de la fantasia forment d'excellents cavaliers, rompus dès l'adolescence à tous les exercices équestres, et entretiennent parfaitement les chevaux dans toutes les manœuvres fatiguantes qu'on exige d'eux en temps de guerre.

Les magnifiques résultats de l'éducation et du perfectionnement du cheval par les tribus de l'Arabie antéislamique ont nécessairement conduit ces peuplades guerrières à tous les jeux où elles pouvaient faire briller leurs coursiers d'élite. Ces luttes d'adresse, de vigueur, de vitesse entre les chevaux et aussi entre les cavaliers, avaient du retentissement chez les populations du désert, et l'histoire a conservé le souvenir des joûtes équestres, des carrousels, des courses les plus remarquables, comme elle a consacré la mémoire des rencontres et des combats de tous les descendants d'Ismaël. Souvent aussi les courses devenaient des motifs de querelles, de conflits sanglants, et quelquefois de longues guerres entre les tribus. Car aussi en Arabie, les écuyers avaient leurs roueries, leurs ruses, leurs déloyautés pour voler la victoire; et les questions d'honneur entre particuliers devenaient souvent des questions d'état. La guerre que suscita la course des deux chevaux *Dâhis* et *Rabrâ* contre *Kattâr* et *Haufâ* est célèbre; elle dura quarante ans entre les Béni-Abs et les Béni-Zoubiân. Pendant tout ce laps de temps on n'accoucha ni jument ni chamelle, soit d'un côté, soit de l'autre, les deux tribus belligérantes ne pouvant plus laisser de repos à leurs montures. La description de cette course et des guerres qui s'ensuivirent offrent beaucoup d'intérêt. Il faut les lire dans le *Nâçéri*, ou plutôt dans le livre de M. Fresnel auquel M. Perron a eu le bon esprit d'emprunter tout cet épisode [1].

Les Arabes connaissaient le *dégraissement*, ce qu'on nomme *training* en Angleterre, et préparaient, *entraînaient* leurs chevaux pendant quarante jours. La longueur de la lice était fixée de cinquante à cent portées de flèches, le *nec plus ultra* du galop d'un cheval dans la force de l'âge. Les grandes courses, celles qui mettaient en émoi les tribus, étaient les courses de cent portées de flèches qui, selon Medany, équivalent à douze milles (environ cinq lieues de France). Cinquante jets étaient le terme généralement adopté. Dans les courses qui eurent lieu par ordre de Mahomet, l'espace à franchir fut de six milles environ ou cinquante portées de flèches pour les chevaux entraînés, et d'un mille ou deux kilomètres pour les chevaux non préparés.

Les paroles, les exemples, les préceptes du Prophète, qui avait consacré toute la vie de ses compatriotes, furent les règles qui servirent à organiser la société musulmane. Mahomet avait concouru dans plusieurs courses, les avait dirigées, présidées, et la manière dont il se conduisit dans ces circonstances devint plus tard une disposition légale pour régler tous ces exercices. La loi des courses, des joûtes et des jeux militaires compose le chapitre IV du Code général de législation, et forme une partie intégrante des Pandectes musulmanes.

Les anciens Arabes désignaient par une qualification devenue chez eux une dénomination spéciale, par le nom de *mouzekki*, c'est-à-dire qui est en parfum du bel âge, les chevaux qui avaient atteint l'époque de la vie où leur force est au plus haut degré de développement, l'âge avant lequel ils ont plus de vivacité et de célérité au premier temps de la course, après lequel ils commencent à perdre de leur résistance à la fatigue dans une course de longue durée et sur des terrains de solidité variable. Le cheval est mouzekkî une ou deux années après que toutes ses dents sont reproduites.

[1] *Lettres sur l'histoire des Arabes avant l'islamisme*, par F. Fresnel; in-8°, Paris.

« Le nombre de chevaux qui pouvaient paraître sur l'hippodrome et s'engager, dit M. Perron, n'était pas limité, à moins de conditions établies et acceptées à l'avance ; car il y avait — les courses entre chevaux de particuliers, — les courses provoquées par une tribu rivalisant avec telle autre prétendant à la supériorité hippique, — enfin, les courses générales ou publiques, c'est-à-dire celles où tout concurrent pouvait présenter son cheval et disputer la victoire.

» Les conditions de la course et l'enjeu ou dédit étaient fixés. Au point de départ, on établissait un *mikbad*, sorte de barrière consistant en une corde tendue transversalement devant les chevaux rassemblés et prêts à s'engager dans la course. » M. Perron n'a jamais rien rencontré, dans ses récits, qui indiquât le poids que l'on tolérait ou fixait pour un cheval admis à l'hippodrome. On ne s'amusait point, il paraît, à peser un écuyer ; on avait confiance dans le cheval, et on ne voulait pas que sa supériorité dépendît de quelques onces de plus ou de moins.

Le vainqueur de la course était désigné par le titre ou le nom de *Hallâb*, hippodromien, le Roi de l'hippodrome. On l'appelait aussi *Minhab* ou ravisseur, parce qu'il avait enlevé la palme à ses concurrents. Le cheval vainqueur était souvent ramené en triomphe et la tête parée de plumes noires d'autruche. Les femmes présidaient ordinairement à cette marche triomphale et ornaient le coursier de ces insignes de la victoire.

Les chevaux engagés dans la course recevaient, jusqu'au dixième, des surnoms particuliers d'après leur rang de vitesse. M. Perron ne dit rien de cela, et nous profiterons de cette occasion pour reproduire ici les intéressantes observations de l'émir Abd-el-Kader.

OBSERVATIONS DE L'ÉMIR ABD-EL-KADER.

Les Arabes ont conservé la coutume des courses, coutume qu'ils pratiquaient déjà du temps de l'idolâtrie, avant Mohammed.

La loi nouvelle n'a pas modifié cet usage, elle en a consacré la légitimité, et en y imprimant le sceau religieux, elle y a attaché un prix nouveau.

De l'entraînement. — Pour les courses, les Arabes soumettent le cheval à un régime préalable, à l'entraînement (*Tadmir*). Grâce à ce traitement, le cheval atteint un extrême degré de vitesse.

Voici en quoi consiste le Tadmir :

On commence par augmenter la ration du cheval, de façon qu'il engraisse d'une manière sensible ; puis, ce résultat obtenu, et pour le faire maigrir, on la diminue pendant quarante jours graduellement et jusqu'au minimum de nourriture nécessaire.

Pendant ces quarante jours on l'astreint à un exercice progressif.

En même temps et dès le premier jour de la réduction de nourriture, on couvre le cheval de sept *djellal* (couvertures), et on en enlève une au bout de chaque période de six jours. La transpiration fait tomber toute la graisse, le débarrasse d'un poids inutile, donne du ton à tous ses muscles, et ne laisse subsister que les chairs les plus fermes. Traité de la sorte, le cheval atteint, *en proportion de sa race,* le plus haut degré de vitesse.

C'est, ainsi préparé, que le cheval est amené sur le terrain des courses (*Djalba*).

Sur le Djalba sont conduits des chevaux venant de toutes les contrées; la foule y vient aussi en grand nombre. Jamais, si ce n'est à l'époque de la réunion des pèlerins, on ne voit un aussi grand concours d'hommes; tous les nobles et les chefs du pays y assistent.

« *Nous avons assisté aux courses, et bien qu'il fût encore de bonne heure, la foule était déjà aussi grande qu'à l'époque du pèlerinage.* »

Jamais on ne fait courir des chevaux préparés pour l'entraînement avec ceux qui ne le sont pas. On les range par catégories; à chacune d'elles on assigne un but différent. Les chevaux entraînés ont à parcourir une carrière beaucoup plus longue.

L'hippodrome dans ce cas s'appelle *El-Midmar*, et le savant Bokhari dit à ce sujet :

« *Le Prophète a fait courir ensemble les chevaux entraînés* (El-Moudmara) ; *il leur a fixé une distance de sept milles à parcourir, tandis qu'il faisait pour les chevaux ordinaires une distance d'un mille seulement.* » (Le mille équivaut à un kilomètre.)

On fait courir les chevaux par groupes de dix; mais avant de les laisser partir, et pour empêcher les départs précipités, voici les précautions prises :

On tend une corde qui touche les poitrines des chevaux et dont les deux bouts sont tenus par deux hommes de chaque côté de la ligne des chevaux.

Cette corde s'appelle *El-Mikbad* et *El-Mikouas,* — et, à cette occasion, le Prophète a dit : « *Le cheval court d'après sa race, mais placé devant le mikouas, il court d'après la chance de son maître;* » ou, en d'autres mots : dans les circonstances ordinaires, la vitesse des chevaux est relative aux qualités de race plus ou moins bonnes dont ils sont doués; mais, dans les courses, le succès dépend beaucoup de l'habileté de leurs maîtres, et très souvent un cheval du sang le plus pur est devancé par un animal moins noble.

A chacun des dix chevaux qui ont couru, on assigne un nom particulier, d'après son rang de vitesse.

Ainsi, celui qui arrive le premier au but s'appelle *Modjalla* (ôtant), parce qu'il ôte les soucis du cœur de son maître.

Le deuxième se nomme *El-Mousalli*, du mot *salouan*, parce qu'il suit le premier de si près, que le bout de son nez touche la croupe de celui-ci.

« *Il faut que je sois le mousalli* (que je sois le second) *si je consens à ce que tu gagnes le premier prix.* »

Le troisième a pour surnom *El-Msalli* (le consolant), parce qu'il console son maître, qui est content qu'il n'y ait qu'un cheval entre le sien et le premier.

Le quatrième, *El-Tali*, ou le suivant.

Le cinquième, *El-Mourtha*, cinquième doigt de la main.

Le sixième, *El-Aâtif*.

Le septième, *El-Hadi* (le chanceux), parce qu'il a sa part de succès avec les premiers.

Le huitième, *El-Mouhammill* (qui donne des espérances), parce qu'il faisait espérer à son maître de faire partie des gagnants.

Le neuvième, *El-Lathim*, ou le souffleté, parce qu'il est humilié ou repoussé de tous les côtés.

Le dixième, *El-Sokeït* (le taciturne), parce que son maître essuie la dernière humiliation sans prononcer une parole. La honte lui ferme la bouche.

De ces dix chevaux, sept gagnent un prix et les derniers n'obtiennent rien.

A l'extrémité du midmar (l'hippodrome), se trouve une grande tente où on laisse entrer, pour les abriter, les sept chevaux gagnants, mais on en repousse les trois autres ignominieusement.

On a dit avec raison qu'avant l'islamisme les Arabes n'écrivant pas, n'avaient pu conserver la généalogie de leurs chevaux. M. Perron prétend qu'une tradition orale est une base aussi certaine qu'un écrit, et que nul peuple sur la terre n'a gardé le souvenir des filiations comme les Arabes. Nous ne discuterons pas combien les faits, et à plus forte raison, de simples noms, confiés à la mémoire, s'altèrent avec le temps; nous ne contesterons pas non plus l'amour des Arabes, ni celui des Juifs pour leurs généalogies. Cependant, à l'exception du chérif de la Mekke et de quelques puissants descendants du Prophète, il n'y a pas un Arabe aujourd'hui qui sache indiquer sa filiation d'une manière certaine. Si cela est vrai pour les hommes, cela est encore plus incontestable pour les chevaux. Dans la reproduction, dans l'accouplement, les Arabes recherchaient bien à allier les qualités physiques, la pureté du sang, le degré de noblesse des types paternel et maternel, afin d'obtenir la même qualité dans les produits, mais n'allaient pas remonter bien haut dans leur nobiliaire pour établir la valeur de leurs chevaux. Le mérite et les qualités individuelles passaient avant tout, et, comme dit un de leurs aphorismes, la plus grande préoccupation consistait à « faire tomber la semence du brave et du bon dans un moule généreux. »

Quant à l'usage où sont les Arabes, aujourd'hui, de dresser un acte de naissance de leurs chevaux et d'établir soigneusement leur généalogie, cela ne se pratique que dans les villes, et en vue de bien vendre les berzaûn aux étrangers. Ces témoignages ne sont pas nécessaires dans le désert, où les chevaux de race sont si bien connus qu'un millier d'individus pourrait attester leur noblesse. Un Bedouin rirait, si un habitant du Nedjd lui demandait la généalogie de sa jument ou de son étalon ; il ne songe jamais à produire de témoignages écrits, excepté lorsqu'il se rend aux marchés de Basra, de Bagdad, de Haleb, de Damas, de Médine ou de la Mekke. Ces certificats ont perdu toute valeur, tant on les prodigue en Orient, même aux berzaûn les plus caractérisés. Il en est de même de la marque des koheîl nedjdî, des trois pointes de feu sur la fesse, que tous les maquignons du Kaire font apposer maintenant à leurs chevaux.

Je défie de citer une généalogie chevaline authentique qui remonte au-delà de l'aïeul ou du bisaïeul, et les seules qui existent ne se trouvent que chez des gens comme le chérif de la Mekke, qui tiennent à donner le plus de valeur possible aux cadeaux de chevaux qu'ils sont dans la nécessité de faire aux Turks. Le chef des Wahhâbi, Sououd, qui avait les plus beaux chevaux, les plus nobles coursiers de la Péninsule, n'a jamais songé à leur généalogie, mais à constater la pureté de la race par les signes distinctifs qu'elle présente et le témoignage verbal des anciens de la tribu.

Ces *hodjeh*, ou certificats de noblesse chevaline, diffèrent beaucoup ; voici la traduction d'un de ces documents qu'on peut comparer à celui que j'ai communiqué à M. Perron, et à celui publié par Burckhardt.

AU NOM DU DIEU CLÉMENT ET MISÉRICORDIEUX !

Salut à celui qui lit ces caractères et qui marche dans la voie droite ; nous, humbles serviteurs du Dieu très haut, certifions et attestons que le poulain alezan nommé Nâcib, âgé de trois ans, qui a une étoile sur le front, trois pieds blancs et un pied gauche sans balzane, est un koheîlân el-adjouz de race pure ; sa mère est une jument koheîlân, appelée Hamrâ, appartenant à Saîd-ibn-Rizk de la tribu des Anazeh ; son père, également koheîlân, est le cheval favori du cheik Mohammed-Abou-Sehran ; tous trois sont de ces chevaux dont Dieu a parlé dans le Livre-Saint, dans le Korân glorieux ; de ces chevaux qu'il a donnés au Prophète (puisse le Seigneur répandre sur lui ses bénédictions) et que celui-ci a donnés à ses compagnons. — Nous avons rendu témoignage de ce que nous savons, de ce que nous avons vu, et ne connaissons pas ce qui est caché. Fin de ce certificat, rédigé dans de bonnes intentions.

En l'année 1207, le 27 du mois de Safer.

Témoins : ABD EL-MENAIM.
AHMED EBN-ABDALLAH.
ALY EL-MAHDEZY.

Quand parmi les Arabes du Nedjd qui ont le plus de soin de leurs chevaux, qui mettent tout leur orgueil à vanter leur race équestre, on ne peut obtenir aucune filiation exacte toujours liée et certaine qui remonte à deux ou trois générations, et qu'il est impossible de suivre au-delà, — malgré la mémoire toute exceptionnelle que M. Perron accorde aux Arabes, — à quoi peut servir ce long nobiliaire hippique qui tient quarante pages du livre, et dont la plupart des sujets sont disparus depuis plus d'un millier d'années ? Ces quatre cent trente chevaux qui ne vivent que dans les légendes historiques, qui n'ont pour ainsi dire aucun rapport entre eux que l'ordre alphabétique de leur nom, n'élucident pas la question du *stud book* arabe, et aucun des arguments de l'auteur ne peut étayer cette assertion dénuée de fondements. C'est une pauvre autorité que l'histoire écrite par les Arabes; ils arrangent tout selon leurs besoins ou leurs caprices, et le récit des plus simples événements, tracé par les esprits les plus sérieux de l'islâm, présente toujours le flanc à la critique.

M. Perron parle souvent de ce qu'il ne sait pas ou de ce qu'il sait mal, et censure à tort, avec aigreur, nos institutions hippiques qu'il ne connaît que par ouï-dire. Certes il y a beaucoup à faire pour l'amélioration de nos races, mais si les autres parties de l'ouvrage que M. Perron a été chargé de traduire ne nous apportent pas plus de lumières et d'informations que celles qu'il nous présente dans ce volume, nos hippologues ne pourront y puiser que des détails historiques fort inutiles à ce qu'on attend d'eux.

La dernière assertion de l'auteur donne la mesure de ses connaissances hippiques. A la fin du quatorzième chapitre de son livre, M. Perron critique l'ouvrage de W. Youatt, et termine ainsi :

« Tout l'amour de l'auteur se tourne vers les chevaux de la Perse, de la Thessalie, de l'Asie-Mineure, etc. Cette préférence ou cette déférence accordée à ces espèces chevalines nous confirme un peu dans l'idée que le cheval pur sang anglais doit être, en origine, un enfant de sang arabe, modifié par les influences et l'éducation des climats et des hommes de l'Asie-Mineure, et des États limitrophes à l'Est et au Nord de cette contrée. Le pur sang anglais, à en juger par l'aspect de la charpente et de la taille, n'est peut-être pas un pur sang arabe d'Arabie. »

M. Perron a reconnu lui-même que les koheïls étaient le pur sang arabe, et le koheïl, du moins celui qu'on rencontre le plus fréquemment en Égypte, le koheïl nedjdi [1], le koheïl du centre de l'Arabie, offrent des caractères qui l'indiquent incontestablement comme l'origine du cheval anglais. Ce qui distingue particulièrement le koheïl-nedjdi entre tous les chevaux arabes, c'est quelques traits exceptionnels, — c'est sa haute taille, sa robe baie, sa longue épaule surtout, enfin ses oreilles un peu longues, mais grâcieuses. Or, qui ne se souvient avoir déjà remarqué ces traits là sur beaucoup de chevaux anglais que le koheïl rappelle involontairement. Le koheïl a donc pris part à l'origine de la race britannique, et émettre un doute sur cette question, c'est n'avoir jamais vu en connaisseur ni véritable cheval anglais, ni véritable koheïl.

Ce qui dans ce livre appartient le plus à l'auteur, c'est le style. Avant de clore le volume que nous avons examiné jusqu'ici en cavalier plus qu'en littérateur, disons quelques mots sur la manière dont l'ouvrage est écrit.

Le style, c'est l'homme, dit Buffon ; — le style, c'est le sujet, dit Villemain ; — le style, c'est la syntaxe, dit le *sine nomine vulgus*. Le style de M. Perron est si différent de ses manières, qu'on ne saurait reconnaître l'homme ; il ne tient pas non plus du sujet, car il n'a guère l'élégance, la pureté, l'allure, la vigueur, la netteté de mouvements des coursiers d'Arabie ; enfin, ce style bizarre fait fi des règles de la syntaxe que respecte le vulgaire.

Si les locutions vicieuses qui abondent dans son livre avaient une couleur locale, l'auteur pourrait les faire accepter ; mais elles affichent seulement une prétention à l'originalité, qui est inexcusable quand elle n'est pas soutenue par la logique et par un véritable talent. Enfin, l'auteur est tellement infatué de sa manière, qu'il veut l'introduire partout, et corrige même les morceaux qu'il intercale dans son œuvre.

En résumé, ce livre pèche par le peu de méthode apporté à sa rédaction ; — il est trop long et il y manque beaucoup de choses essentielles ; il est diffus par l'ignorance du sujet, par les scissions illogiques, les détails superflus, les redites stériles ; — il est fatiguant par la forme comme par le style. Avec tous ces matériaux, la plupart inédits ou peu connus, il y avait de quoi composer un livre utile et attrayant ; l'auteur n'a su en faire qu'un recueil bon à consulter, et dont une main plus habile saura tirer un meilleur parti.

Depuis quelques années, tout ce qui se rattache à l'amélioration de la race chevaline attire en France l'attention publique, et les débats

[1] Qu'il ne faut pas confondre avec le cheval désigné sous le nom simple de Nedjdi. *Nedjdi*, c'est-à-dire du *Nedj*, province de l'Arabie centrale généralement reconnue pour produire la plus noble race de chevaux.

qui se sont élevés entre les partisans et les détracteurs de la race orientale et de la race britannique ont été suivis avec intérêt. Les deux ouvrages que nous venons de passer en revue apportent de nouveaux éléments à la discussion, et permettront d'étudier, mieux qu'on n'a pu le faire jusqu'ici, la souche de laquelle est sorti le cheval anglais.

Il n'est pas exact de dire, — comme le répètent constamment nos hippologues plus ou moins anglomanes par leur éducation ou leur métier, — que le cheval anglais ne soit autre chose que le cheval arabe, grandi et doué de qualités supérieures, en un mot, approprié aux exigences variées de la civilisation actuelle. La race anglaise n'est pas devenue préférable à la race dont elle tire son origine ; elle a acquis plus de taille, mais elle a perdu la vigueur de longue haleine, le courage, la sobriété, la résistance, la grâce et la souplesse dans les articulations, toutes choses qui distinguent le cheval d'Orient ; enfin, la race arabe ne s'est *perfectionnée* en Angleterre qu'en sacrifiant toutes les qualités solides à l'exagération d'une seule, la vélocité, qualité que la nature n'avait pas cru devoir lui accorder aussi largement peut-être qu'elle l'octroie, comme préservatif, aux animaux les plus timides.

Objet d'une spéculation effrénée, le coursier anglais est devenu un cheval de pari dont le principal mérite consiste à fournir des courses à petite distance dans une vitesse exagérée que n'exige aucun service.

La race anglaise manque des aptitudes diverses que réclament les véritables besoins de notre époque. C'est une race de luxe, délicate comme une plante étiolée, d'un entretien dispendieux ; une race artificielle qui ne conserve sa puissance qu'à l'aide de soins exceptionnels, d'attentions incessantes, qui ne peut produire de bons chevaux de selle pour d'autres usages que pour l'hippodrome, la course ; et cela est si vrai, que la cavalerie, ne pouvant se procurer des remontes en Angleterre, manque de chevaux de bataille, et les recrute partout.

Le cheval est l'expression de la société ; les modifications qu'entraînent les chemins de fer, les télégraphes, tout ce que le génie de l'homme invente pour raccourcir l'espace, doivent irrésistiblement nous amener à n'avoir que le cheval de labour, le cheval de trait et le cheval de chasse ou de guerre. La race de *gros trait* et de *trait léger* est faite depuis longtemps chez nous ; nos races boulonnaise, percheronne et bretonne surpassent en beauté même les gros chevaux de nos voisins ; reste donc encore à faire le cheval de selle, le cheval de bataille, le destrier.

Le combat, et tout ce qui lui ressemble, est l'élément du cheval arabe et de l'espèce en général. De tous les chevaux que Dieu a placés sous notre main, nul n'a *autant de cœur* au physique et au moral, nul ne répond mieux que l'arabe à toutes les conditions de vitesse, de courage et de dévouement qu'exige le soldat ou le chasseur ; il apporte dans l'attaque et la défense tous ses instincts primitifs quand l'éducation et la discipline ne l'ont pas avili.

Le cheval arabe court aussi vite que le cheval anglais; et tout ce qui a été publié en Angleterre sur cette question manque des éléments indispensables pour se prononcer avec l'assurance pleine et entière de nos voisins. Les Anglais nous donnent les prouesses de leurs coursiers d'élite et les comparent aux chevaux demi-sang ou berzaûn achetés à Bassora, aux chevaux kadîchi que les Arabes consentent à céder aux mécréants. Les courses faites récemment à Alger prouvent que le cheval arabe est au besoin le meilleur coureur.

L'an passé, dans les derniers jours de septembre, la population algérienne assistait, dans les plaines de Moustapha, à des courses organisées d'après toutes les règles du sport. Plusieurs des chevaux engagés par les Européens avaient coûté des sommes élevées, et réunissaient les qualités qui caractérisent le véritable coureur. Les Arabes déployaient entre eux une grande émulation; chaque subdivision était représentée à son tour par ses cavaliers. Cette disposition avait le double avantage d'établir dans les courses un ordre précieux et de fournir aux spectateurs une étude comparée des produits chevalins de notre colonie.

Après le prix impérial qui a été l'objet d'une lutte intéressante, dont les péripéties ont duré depuis le départ jusqu'à l'arrivée, a eu lieu la course de fond. Cette course est une institution de M. le comte Randon, qui a compris que là était l'épreuve utile et sérieuse à imposer aux chevaux de l'Algérie; l'espace à parcourir était de vingt-huit kilomètres, un peu plus que la longueur de la lice fixée jadis pour les grandes courses musulmanes, à cent portées de flèche, ou cinq lieues de France. Une jument arabe, montée par un cavalier indigène, a fourni cette course en cinquante-neuf minutes seize secondes; un cheval monté par un Européen est arrivé dix-huit secondes après. Si le cheval de nos possessions africaines avait encore besoin d'être défendu, de pareils faits seraient une suffisante apologie.

A cette fête, qui réunissait tous les grands personnages des tribus, on a vu défiler, d'abord, les étalons que le gouverneur général avait rassemblés des points les plus éloignés dans les haras de l'Algérie. *Elmas*, le magnifique présent du Soultan, ouvrait la marche; après lui venaient d'autres étalons, nés et élevés sur le sol même de notre colonie qui nous promettent, dans un avenir prochain, la complète régénération du cheval arabe.

PRISSE D'AVENNES.

Paris. — Imprimerie de E. Brière, rue Sainte-Anne, 55.

et Littérature slave, norvégienne, danoise. — A. NETTEMENT : *Histoire de France depuis la Ligue.* — PAULIN PARIS, de l'Institut : *Langue et Littérature française du moyen-âge.* — A. DE PUIBUSQUE : *Histoire et Littérature espagnole et canadienne.* — RATHERY, bibliothécaire du Louvre : *Littérature italienne; Histoire bibliographique.* — F. DE SAULCY : *Archéologie.* — D'ORTIGUES : *Archéologie musicale*, etc. (*Une série d'articles sur les publications de tous genres, distribuées, ainsi qu'il vient d'être indiqué, entre un Comité d'écrivains, suivant la spécialité de chacun.*)

CRITIQUE ET BIOGRAPHIE.

Comte ARTHUR BEUGNOT, de l'Institut : *Mémoire et Correspondance du Roi Joseph* (suite). — Comte FR. DE BOURGOING : *Les Mémoires de sir Hudson Lowe.* — E. CARO : *Les Mystiques du XVIII*e *siècle : Swédenborg, Mesmer, Cagliostro.* — Baron DESMOUSSEAUX DE GIVRÉ : *Histoire de la Convention*, de M. de Barante (suite). — EGGER : *La Symbolique*, de Kreutzer. — LERMINIER : *Lettres critiques sur la Littérature contemporaine* (suite); *La Littérature allemande.* — P. MERIMEE, de l'Ac. fr. : *Etude sur lord Byron.* — ALFRED NETTEMENT : *Histoire du Consulat et de l'Empire*, de M. Thiers. — PAULIN PARIS, de l'Institut : *Etudes sur la Littérature française du moyen-âge.* — AD. DE PUIBUSQUE : *La Littérature française au Canada.* — RATHERY : *Histoire des livres populaires*, de M. Ch. Nisard. — RENAN : *Histoire de la littérature arabe*, de M. de Hammer. — VIENNET, de l'Académie française : *Essais de Littérature rétrospective et comparée* (suite). — VILLEMAIN, de l'Ac. fr. : *Etudes de Biographie* : I. *Le Ministre orateur* ; II. *l'Homme d'Etat éloquent.* — VITET, de l'Académie française : *Etudes diverses.*

HISTOIRE ET MÉMOIRES.

DE BARANTE, de l'Ac. franç. : *Etudes historiques.* — BERRYER, de l'Ac. franç. : *Souvenirs personnels.* — Comte BEUGNOT, anc. min. : *Mémoires inédits* (suite). — E. DE BONNECHOSE : *Portraits et scènes historiques.* — Prince ALBERT DE BROGLIE : *Fragments de l'Histoire du IV*e *siècle.* — Duc DE CARAMAN, anc. ambassadeur : *Mémoires inédits* (suite). — Comte FRANZ DE CHAMPAGNY : *La Législation criminelle au moyen-âge.* — A. DANTIER : *Les Couvents d'Italie* (suite). — X. EYMA : *Chroniques d'Outre-Mer.* — GUIZOT, de l'Ac. franç. : *Fragments de l'Histoire de France et Fragments de l'Histoire d'Angleterre.* — Baron D'HAUSSEZ, anc. min. : *Mémoires inédits.* — G. DE LA LANDELLE : *Légendes et traditions maritimes.* — Comte DE MARCELLUS : *Souvenirs diplomatiques* (suite). — Vicomte DE MEAUX : *Publicistes du seizième siècle.* — A. MICHIELS : *Un Livre de la Bibliothèque de Neuilly.* — Comte DE MONTALEMBERT, de l'Ac. franç. : *Etudes historiques sur le moyen-âge.* — Duc DE NOAILLES, de l'Académie française : *Fragments de l'Histoire anecdotique du XVII*e *siècle.* — FELIX NOURRISSON : *L'Oratoire et les Oratoriens.* — PAULIN PARIS, de l'Inst. : *Vie anecdotique de François I*er. — Baron PREVOST : *Constantinople en 1806 et 1807* (suite). — H. DE RIANCEY : *L'Accommodement entre le duc de Nemours et Henri IV.* — CH. ROMEY : *Malte et son histoire.* — Comte DE SALVANDY, de l'Ac. fr. : *Les Quatre solitudes* (suite). — DE VIDAILLAN : *Histoire des Conseils du Roi* — VILLEMAIN, de l'Académie franç. : *Etudes sur les premiers siècles chrétiens* (suite).

LITTÉRATURE FRANÇAISE ET ÉTRANGÈRE, ET HISTOIRE LITTÉRAIRE.

BONNEAU : *Un Ennemi des Femmes au XVI*e *siècle.* — Comte ADOLPHE DE CIRCOURT : *Les Poëtes italiens de la première renaissance.* — BRIFAUT, de l'Académie française : *Mélanges littéraires.* — Comte ALBERT DE CIRCOURT : *Les Hommes célèbres de l'Espagne:* I. *Le Marquis de Santillane.* — EMPIS, de l'Académie française : *Souvenirs littéraires.* — L. ETIENNE : *Les Poëtes contemporains de l'Angleterre* (suite) : IV. — LEON FEUGERE : *Les Anciens auteurs français* (suite). — GARCIN DE TASSY, de l'Institut : *Chants populaires des Hindous.* — LEON GOZLAN : *Souvenir des Jardies* (suite) : II. *La première représentation de Vautrin.* — JULES JANIN : *La Littérature romaine* : I. *Cicéron.* — LEON MASSON, ancien préfet : *Les Essayists anglais.* — EDELESTAND DU MERIL : *Histoire de la Comédie dans tous les temps et chez tous les peuples.* — F. MERILHOU : *Bertran de Born.* — L. MOLAND : *Etudes sur les Romans du Saint-Graal et de la Table-Ronde.* — PATIN, de l'Académie française : *De la Poésie épique chez les Romains* (suite). — PHILARETE CHASLES : *Etudes sur les Littératures du nord: les Mémoires de Thomas Moore; My-Novel*, de Bulwer. — E. PRAROND : *Jacques Leclerc.* — DE LA VILLEMARQUE : *Ozanam.* — FRANCIS WEY : *Histoire littéraire* (suite) : II. *Le Père Bridaine*; II. *Campistron*, etc.

PHILOSOPHIE ET MORALE.

L'Abbé A. GRATRY : *Mélanges de Philosophie et de Morale.* — LERMINIER : *Essais philosophiques* (suite) — Le Père VENTURA : *Philosophie chrétienne.*

PHYSIOLOGIE ET SCIENCES NATURELLES, AGRICOLES ET INDUSTRIELLES.

COSTE, de l'Institut : *La Lagune de Comacchio.* — Le D^r DES ETANGS : *Etudes physiologiques :* II. *La Vieillesse.* — A. BOUCARD : *Bulletins scientifiques, agricoles et industriels* (tous les mois); *Histoire des machines à vapeur.* — Le Dr E. FAIVRE : *Le Progrès des sciences et les Naturalistes modernes : Cuvier, Geoffroy Saint-Hilaire, Arago, de Humboldt, Berzelius,* etc. — AMEDEE HENNEQUIN : *L'Agriculture et l'Industrie dans les Flandres.* — DE LA ROCHE-HÉRON : *Les Chemins de fer américains.*

POÉSIE.

Marquis DE BELLOY : *Un Proverbe* (en vers). — JULES DE PRÉMARAY : *La Femme du Poète,* comédie en vers.—Poésies diverses de MM. E. AUGIER ; — J. AUTRAN ; — A. DE BEAUCHESNE. — DE BORNIER ; — MERY ; — E. MORDRET ; — PONSARD ; — J. REBOUL, etc., etc.

ROMANS, NOUVELLES, PROVERBES.

AMEDEE ACHARD : Un Roman. — A. DE BERNARD : *Histoires d'atelier* (suite); *Pauvre Mathieu.* — PAUL FEVAL : *La Bourgeoise* (roman). — comte F. DE GRAMONT : *Fais ce que dois,* etc. — LEON GOZLAN : *La Clé de cristal* (roman). — EUGENE GUINOT : *Un Roman.* — Baron D'HAUSSEZ ; *Nouvelles et Anecdotes de voyages.* — J. JANIN : *Don Vincente* (nouvelle). — LEON LAYA : *La Gueule du Loup.* — G. DE LA LANDELLE : *Pierre de La Barbinais* (nouvelle maritime). — A. DE MAUCROIX : *Entre deux bals* (nouvelle). — MERY : *Le Corsaire de l'Archipel* (roman). — ADELPHE NOUVILLE : *Château à vendre* (roman). — HENRI DE PÈNE : *Les Plumes du Geai* (proverbe), etc. — Comte ARMAND DE PONTMARTIN : *Or et clinquant* (roman). — JULES DE PREMARAY : *La Comédie dans la salle* (esquisses humoristiques). — Madame CHARLES REYBAUD : *Esquisses et Paysages.* — X. SAINTINE : *Une Nouvelle.* — EDMOND TEXIER : *Miss Lucy* (nouvelle).

VOYAGES ET GÉOGRAPHIE.

AGOSTINI DE HOSPEDALEZ : *La Colombie* (suite) : II. *Cisneros ou les Partisans de la Sierra.* — CENAC-MONCAUT : *La Navarre.* — A. BASCHET : *Chasses et Pêcheries dans le delta du Rhone.* — H. CHEVREUL : *Le Capitaine Margeret.* — FRANCOIS DUCUING : *L'Afrique française.* — A. DUNOYER, ancien consul à Jérusalem : *Souvenirs du Levant.* — L. ENAULT : *Les îles Hébrides* (suite et fin). — E. GUINOT : *Berlin : Voyage dans le Tyrol.* — F. DE LACOMBE : *Voyages dans le Far-West.* — C. DE LA ROCHE-HÉRON : *Cuba.* — X. MARMIER : *Mœurs et Traditions russes.* — E. PACINI : *Madagascar.* — PRISSE D'AVENNES : *Souvenirs d'Egypte; les Chevaux du désert.* — A. DE PUIBUSQUE : *Le Canada,* etc — DE SAULCY, de l'Institut : *Voyage en Grèce.* — Comte DE SERCEY : *La Perse en 1840* (suite). — TARDY DE MONTRAVEL, capitaine de vaisseau : *Le fleuve des Amazones.* — R. THOMASSY : *Lettres d'Amérique.* — Le docteur M. YVAN : *Souvenirs de l'ambassade en Chine* (suite); *Canton,* etc.

PARIS. — IMPRIMERIE DE E. BRIÈRE, RUE SAINTE-ANNE, 55.

www.ingramcontent.com/pod-product-compliance
Lightning Source LLC
LaVergne TN
LVHW012012160826
845678LV00002B/791
9782329663975